BEI GRIN MACHT SICH IHR
WISSEN BEZAHLT

- Wir veröffentlichen Ihre Hausarbeit,
  Bachelor- und Masterarbeit

- Ihr eigenes eBook und Buch -
  weltweit in allen wichtigen Shops

- Verdienen Sie an jedem Verkauf

Jetzt bei www.GRIN.com hochladen
und kostenlos publizieren

Bibliografische Information der Deutschen Nationalbibliothek:

Die Deutsche Bibliothek verzeichnet diese Publikation in der Deutschen National-
bibliografie; detaillierte bibliografische Daten sind im Internet über http://dnb.d-
nb.de/ abrufbar.

Impressum:

Copyright © 2015 GRIN Verlag, Open Publishing GmbH
Druck und Bindung: Books on Demand GmbH, Norderstedt Germany
ISBN: 9783668514980

Dieses Buch bei GRIN:

http://www.grin.com/de/e-book/372960/die-effizienz-von-hygienemassnahmen-im-
lebensmittelverkauf

Christian Lieb

Aus der Reihe: e-fellows.net stipendiaten-wissen

e-fellows.net (Hrsg.)

Band 2544

Die Effizienz von Hygienemaßnahmen im Lebensmittelverkauf

GRIN Verlag

GRIN - Your knowledge has value

Der GRIN Verlag publiziert seit 1998 wissenschaftliche Arbeiten von Studenten, Hochschullehrern und anderen Akademikern als eBook und gedrucktes Buch. Die Verlagswebsite www.grin.com ist die ideale Plattform zur Veröffentlichung von Hausarbeiten, Abschlussarbeiten, wissenschaftlichen Aufsätzen, Dissertationen und Fachbüchern.

Besuchen Sie uns im Internet:

http://www.grin.com/

http://www.facebook.com/grincom

http://www.twitter.com/grin_com

Biologie

2014/2015

Die Effizienz von Hygienemaßnahmen im Lebensmittelverkauf

Facharbeit

Verfasser: Christian Lieb

<u>Exposé</u>

Das Thema „Hygiene" nimmt in unserer Gesellschaft sehr viel Raum ein und wird immer wieder hitzig diskutiert. Jeder kommt früher oder später mit dem Thema Sauberkeit in Kontakt und bestimmt haben sich einige im Supermarkt schon einmal gedacht: „Die fasst mein Fleisch jetzt ohne Handschuhe an. Wie unhygienisch!".

Als ich einmal mit Handschuhen Lebensmittel für meine Stufe verkaufte, ist mir aufgefallen, wie viel Schmutz sich auf der Außenseite meines Handschuhes gesammelt hatte. Deswegen fragte ich mich, ob das Tragen von Handschuhen wirklich ausreichend Hygiene garantiert.

Diese Frage habe ich dann ausgeweitet: Wie effektiv sind die Hygienemaßnahmen im Lebensmittelverkauf? Sind Handschuhe womöglich schlechter als Händewaschen oder bringt nur Desinfizieren wirkliche Hygiene

Um mich der Beantwortung dieser Frage zu nähern, werde ich mich zunächst mit den rechtlichen Grundlagen zum Thema Hygiene im Lebensmittelverkauf beschäftigen. Das bedeutet recherchieren, was den Unternehmen, die Lebensmittel an die Öffentlichkeit verkaufen, vorgeschrieben ist. Danach werde ich mich damit auseinandersetzen, warum wir uns überhaupt vor Bakterien schützen müssen und wie uns Hygienemaßnahmen vor ihnen schützen können.

Das Thema Hygiene ist ein aktuelles Themen in der Wissenschaft. Was dabei heute aktuell ist, kann morgen schon wieder veraltet sein. Daher werde ich in dieser Facharbeit auch darstellen, welche Forschungen es bisher auf dem Gebiet der Hygiene gibt.

Ich wollte von Anfang an aber nicht nur wiedergeben, was andere denken und erforscht haben, sondern auch selber etwas zu diesem Thema beitragen. Deshalb habe ich zwei empirische Versuchsreihen zur Überprüfung der Effektivität verschiedener Hygienemaßnahmen durchgeführt, die ich im Konzept und in den Ergebnissen vorstellen werde. Mit diesen Versuchen wollte ich zu einer konkreten Antwort auf die Frage kommen: Wie effektiv sind die Hygienemaßnahmen im Lebensmittelverkauf?

Inhalt

1.Recherche zu dem Thema „Hygiene im Lebensmittelbereich"

1.1. Rechtliche Grundlagen

Vor allem in Deutschland hat das Thema Hygiene eine besonders große Bedeutung. Alles muss doppelt und dreifach gesichert sein, sodass Bakterien und Co. keine Chance mehr haben. Kommt es doch einmal zu einem Skandal, so ist ein öffentlicher Aufschrei garantiert. Wie sieht vor diesem Hintergrund die gesetzliche Lage bei dem Thema Hygiene im Lebensmittelverkauf aus?

Da gibt es zum Beispiel die Verordnung 852, welche 2004[6] von der europäischen Gemeinschaft beschlossen wurde. Darin fordert der Gesetzgeber alle Personen der Lebensmittelbranche zur „allgemeinen Hygiene" auf. Dabei handelt es sich aber um nicht mehr als um einen Apel an den allgemeinen Menschenverstand.

Verordnungen wie TRGS 401[7], beschlossen von der Bundesanstalt für Arbeitsschutz und Arbeitsmedizin (BAuA) fordern, dass Personen im Lebensmittelhandel die Übertragung von Infektionen über die Haut verhindern. Dies wird im Kapitel VII der EG-Verordnung 852/2004[6] spezifiziert mit den Worten „Personen, die in einem Bereich arbeiten, in dem mit Lebensmitteln umgegangen wird, müssen ein hohes Maß an persönlicher Sauberkeit einhalten; sie müssen geeignete und saubere Arbeitskleidung und erforderlichenfalls Schutzkleidung tragen". Auch hier ist zu erkennen, dass nur von „persönlicher Sauberkeit" gesprochen wird und von „erforderlichenfalls Schutzkleidung tragen". Das enthält kein Wort darüber, wie eine solche Sauberkeit oder Schutzkleidung aussehen soll.

Des Weiteren müssen alle Personen, die in ihrem Beruf in Kontakt mit Lebensmitteln (Herstellung oder Vertrieb) nach § 43 Abs. 1 Nr. 1 des Infektionsschutzgesetzes (IfSG)[3] an einer Belehrung[1] in einem Gesundheitsamt teilnehmen. Im Verlauf dieser Belehrung werden die Teilnehmer über die Gefahren beim Umgang mit Lebensmittel aufgeklärt - besonders im Hinblick auf ansteckende Krankheiten. Dies bedeutet, dass sie über die Symptome, die Auswirkungen und die Bekämpfung der verschiedenen Krankheiten informiert und ihnen auch mögliche Lösungen mitgegeben werden[1]. In diesem Zusammenhang wird dann auch über Tätigkeitsverbote informiert und darüber, was ein solches auslösen kann. Beispiele für ein Tätigkeitsverbot wären: eine Ansteckung mit Typhus, hohes Fieber, Nachweis von Salmonellen oder Shigellen, offene Wunden oder Hautkrankheiten.

Zu guter Letzt wird vom Gesundheitsamt noch darauf hingewiesen, dass der Kontakt mit Lebensmitteln und die Annahme von Geld strikt zu trennen sind.[1]

Schließlich folgt noch eine Auflistung der verschiedenen Möglichkeiten, an seinem Arbeitsplatz die Verbreitung von Infektionen zu verhindern[1]. Hat eine Person diese Belehrung absolviert, wird eine Bescheinigung ausgestellt und die Person muss ihre Arbeitsstelle binnen drei Monaten antreten, so schreibt es das Infektionschutzgesetz vor[1]. Ab diesem Moment ist nun das Unternehmen selbst für die hygienischen Standards in seinem Bereich verantwortlich[1]. Es gibt zwar keine gesetzliche Regelung[2], wie Hygienemaßnahmen in einem Lebensmittelbetrieb aussehen müssen, aber es gibt Vorschriften, welche das Vorhandensein solchiger festlegen. Nach der Lebensmittelhygiene-Verordnung (LMHV)[4], die als EU-Norm in ganz Europa gilt, muss jedes Unternehmen, das Lebensmittel produziert oder vertreibt, ein HACCP-Konzept[5] (siehe Anhang 4.1.1: HACCP) vorlegen können.

Sind die oben genannten Punkte erfüllt, ist ein Unternehmen nur noch dem Lebensmittelgesetz (LMG)[9], in erster Linie dem zweiten Abschnitt unterworfen[2]. Demnach dürfen keine Lebensmittel in den Umlauf gebracht werden, wenn ihre Inhaltsstoffe oder der Verzehr gesundheitsschädlich im Sinne des Artikels 14 Absatz 2 Buchstabe a der Verordnung (EG) Nr. 178/2002[8] ist. Dies bedeutet, dass das Verkaufen von kontaminierten oder verdorbenen Lebensmitteln strafbar ist. Wie es dies allerdings verhindert, bleibt jedem Unternehmen selbst überlassen[2].

1.2. Bakterien und ihre Wirkung auf den Menschen

Die Hauptursache für Infektionen durch Lebensmittel und damit auch der Grund für die Notwendigkeit von Hygiene sind Bakterien[47]. Im Folgenden wird erklärt, was Bakterien sind und wieso man sich vor ihnen schützen muss.

Bakterien zählen neben den Archaeen[26] und den Eukaryoten zu den drei Domänen der Biologie[11] [27]. Alle Lebewesen können in eine dieser drei Kategorien eingeordnet werden[12] [28].

Eine besonders wichtige Eigenschaft von Bakterien ist, dass sie sich asexuell, also über Zellteilung vermehren[11] [27]. Das Nährmedium und die Temperatur beeinflussen dabei, wie schnell und wie oft sich Bakterien teilen[13]. Die Teilung von Bakterien läuft dabei ähnlich wie die Mitose des Menschen ab. Demnach gibt es zunächst eine Teilung des Erbmaterials, gefolgt von einer Teilung der Zelle[13].

Jedoch wird die Vermehrung von Bakterien in vier andere Phasen unterteilt: Anlaufphase, Exponentielle Phase, Stationäre Phase und letztendlich die Absterbephase.[13] (siehe Anhang 4.1.2: Phasen des Bakterienwachstums)

Manche Bakterien sind auch dazu in der Lage, Sporen[48] zu bilden (siehe Anhang 4.1.3: Sporen).

Ein Vorteil der Prokaryoten gegenüber der Eukaryoten ist, dass nach Abschluss der Teilung kein neuer Zellkern[27] gebildet werden muss, was den Vorgang der Zellteilung bei Bakterien um ein vielfaches beschleunigt[13].

Da ihre Vermehrung bei guten Bedingungen alle 20-25 Minuten[13] geschieht, ist ein Objekt nach wenigen Stunden „verdorben"[48]. Es ist so mit Bakterien belastet, dass es nicht mehr für den Menschen geeignet ist. Bakterien können unter den verschiedensten Gesichtspunkten kategorisiert werden (siehe Anhang 4.1.4: Kategorisierung von Bakterien). Sie können dem Menschen auf sehr verschiedene Arten schaden. Die verbreitetste Art ist die Schädigung durch das im Stoffwechsel einiger Bakterien produzierte Toxin [26] [18] (siehe Anhang 4.1.5: Stoffwechsel von Bakterien).

Diese Toxine werden durch die Bakterien direkt oder indirekt im menschlichen Körper freigegeben und fangen an, diesen zu schwächen. Es gibt verschiedene Arten von Toxinen, welche dem Körper auf unterschiedliche Weise schaden können. Jedes Bakterium hat sein spezifisches Toxin, das es zu Verteidigung gegen andere Lebensformen einsetzt (siehe Anhang 4.1.6: Beispiele für Bakterientoxine und ihre Wirkungen)

Neben der toxischen Wirkung können Bakterien dem Menschen noch auf eine weitere Weise schaden. Sie benötigen für ihre Teilungen verschiedene Nährstoffe. Einige davon sind auch für den Menschen essentiell. Vermehren sich die Bakterien sehr schnell, so kann es zu einer diesbezüglichen Unterversorgung kommen[28].

Doch nicht alle Bakterien schaden dem Menschen. Es gibt viele Bakterien, die harmlos sind oder dem Menschen sogar helfen[28]. So trägt jeder Mensch tausende Staphylococcen[34] als ständige Begleiter mit sich herum. Diese sitzen auf der Haut und leben von dem sich dort befindlichen Schmutz. Weder ihr Aufbau noch ihre Toxine schaden dem Menschen. Bakterien können uns sogar direkt oder indirekt helfen. So tragen wir Millionen Escherichia coli[35] mit uns herum, welche uns bei der Zersetzung unserer Nahrung helfen und in unserem Darm leben.

Auch im Garten sind Bakterien zu finden, welche unseren Kompost[36] in Erde verwandeln. Des Weiteren käme die Jogurt- und Käseproduktion nicht ohne die Unterstützung durch Bakterien aus[28].

1.3 Die Wirkungsweiße von Hygienemaßnahmen

Wie im Abschnitt zu den rechtlichen Grundlagen schon erwähnt, gibt es eine Reihe von Vorschlägen, die den Verkauf von verdorbenen Lebensmitteln an Kunden verhindern sollen. Nichts davon ist verpflichtend, einiges hat sich aber sehr bewährt.

Ist ein Lebensmittel verdorben, so ist bereits eine große Menge an Bakterien vorhanden und auch eine große Menge des bakterienspezifischen Toxins[53]. Das Toxin schwächt den Körper, sodass das Immunsystem nicht mehr mit den Bakterien fertig wird. In solchen Fällen kommt es dann zu Durchfall oder Fieber und oft hilft nur noch die Einnahme von Antibiotika.

Dem kann durch Hygienemaßnahmen Abhilfe geschaffen werden. In dieser Arbeite werden die drei gängigsten Hygienemaßnahmen überprüft: Händewaschen, Handschuhe tragen und Desinfektion. Wie aber soll Händewaschen, Handschuhe tragen und das Desinfizieren von Händen helfen?

Händewaschen ist die einzige Hygienemaßnahme, die wohl in jedem Geschäft anzutreffen ist und die einzige, die vom Gesundheitsministerium mit Nachdruck empfohlen wird[2]. Die meisten Seifen sind alkalisch und sie verdanken ihre reinigende Wirkung dem Aufbau ihrer Moleküle[44]. Sie bestehen aus zwei Polen, einem hydrophilen und einem hydrophoben Pol[44]. Während sich der hydrophobe Pol an den Schmutz an der Haut bindet, bleibt der hydrophile Pol am Wasser hängen und wird von diesem mitgezogen. Das ist ein mechanischer Vorgang, welcher den Schmutz regelrecht wegreißt. Allerdings greifen einige Seifen auch die Lipidhüllen der Bakterien direkt an. Durch den Einfluss der Seife wird die Hülle zersetzt und das Bakterium ist nichtmehr lebensfähig[45].

Viele Betriebe setzen lieber auf Desinfektionsmittel[2], um den Arbeitsplatz und das Personal keimfrei zu halten. Im Gegensatz zum eben beschriebenen Händewaschen tötet das Desinfektionsmittel die Bakterien ab und spült sie nicht weg. Der entscheidende Teil hierbei ist das Ethanol[29]. Es dringt durch die Zellwand in das Innere des Bakteriums ein. Dort werden für das Bakterium lebensnotwendige Proteine denaturiert und der Stoffwechsel wird gestoppt[38]. Eine Studie des Max-Planck-Instituts für biophysikalische Chemie hat gezeigt, dass hierbei eine Alkoholmischung mit 70% Alkohol und 30% Wasser wesentlich effektiver ist als 100% Alkohol[38].

Dies liegt daran, dass die Alkoholmischung aufgrund ihrer geringeren Anzahl von Alkoholmolekülen leichter in das Zellinnere diffundieren kann. (siehe Anhang 4.1.7: Vergleich von Händewaschen und Desinfizieren in der bisherigen Forschung)

Kommen wir nun zu dem Hauptgegenstand dieser Forschung: zur Rolle von Handschuhen. In der hier vorgestellten Studie wird nur das Tragen von „Einmalhandschuhen"[41], untersucht - also Handschuhe, die nur für einen Arbeitsgang bestimmt sind und danach entsorgt werden. Da das Gummi der Einmalhandschuhe keinen Nährboden für Bakterien bietet, sind die meisten ungetragenen Einmalhandschuhe steril[41]. Jedoch kann es durch umherfliegende Bakterien oder Staub durchaus zu einer Kontamination kommen, falls die Handschuhe eine längere Zeit ohne Schutz herumliegen. In Laboren oder Krankenhäusern wird daher auf sterile Handschuhe gesetzt[40], welche sich in einer extra Verpackung befinden, die erst kurz vor Gebrauch geöffnet werden. Einmalhandschuhe verhindern demnach nur das Übertragen von vorhandenen Bakterien, sie töten diese allerdings nicht ab[48]. Sind die Handschuhe selbst schmutzig oder werden mehrfach verwendet, können sich auch auf diesen Handschuhen Bakterien vermehren und die Handschuhe Hygienemaßnahme obsolet machen. Da viele Menschen unter einer Latexallergie leiden, ist es häufig nicht sinnvoll, über einen längeren Zeitraum Einmalhandschuhe zu tragen. Des Weiteren kann der dauerhafte Sauerstoffentzug zu Hautausschlägen führen[48].

Alle diese Maßnahmen haben einzig den Sinn, die Übertragung von Keimen durch Hände zu verhindern. Andere Hygienemaßnahmen, wie Haarnetze, Mundschutz oder Schürzen sollen dafür sorgen, dass alle anderen Übertragungsarten wie Atem oder Haare ausgeschlossen werden. Auch das Waschen und Desinfizieren der Arbeitsfläche ist sinnvoll, da auch dort Keime und Schmutz vorhanden sein können[53].

Da unser Immunsystem durch das Eindringen von Bakterien „lernt", stellen sich viele Forscher die Frage, ob es überhaupt sinnvoll ist, möglichst alle Bakterien von unserem Körper fernzuhalten. Dringen Bakterien in geringer Menge in unseren Körper ein, stellen sie kein Problem dar, bewirken aber die Bildung von T-Gedächtniszellen. Eine erneute Infektion mit eben diesen Bakterien ist dann nicht mehr möglich. Daher erscheint es ggf. gar nicht so intelligent, möglichst alle Bakterien in unserem Umfeld abzutöten[51].

1.4 Forschungen auf dem Gebiet der Hygienemaßnahmen

Wenn geklärt ist, warum auf Hygiene ein so hoher Wert gelegt wird und welche Wege es gibt, diese zu erreichen, müssen wir uns ansehen, was auf diesem Gebiet bereits erforscht wurde.

Zum Thema „Hygienemaßnahmen im Lebensmittelverkauf" hat die „Berufsgenossenschaft Handel und Warendistribution"[52] eine Studie durchgeführt. Diese versuchten mit ihren Experimenten drei Fragen zu beantworten.

Diese Fragen waren, ob das Tragen von Einmalhandschuhen einen hygienischen Vorteil gegenüber gründlichem Händewaschen bringt, ob und wie stark sich Bakterien auf den Händen auf die Waren übertragen und ob das Verwenden von Handcremes von hygienischer Relevanz ist. (Die genaue Beschreibung der Versuche sind im Anhang enthalten in 4.1.8: Beschreibung der Versuche der „Bundesgenossenschaft Handel und Warendistribution").

Als Schlussfolgerung zieht die „Berufsgenossenschaft Handel und Warendistribution" daraus, dass der Einsatz von Einmalhandschuhen keinen hygienischen Vorteil gegenüber gründlichem Händewaschen bringt, jedoch eine erhöhte Belastung für die Hände darstellt.

Daher empfiehlt die „Berufsgenossenschaft Handel und Warendistribution" dem Personal an Frischetheken das gründliche Waschen der Hände in Verbindung mit einer Handcreme, um Reizungen zu vermeiden.

Auch das „Bundesinstitut für Berufsbildung"[53] hat auf dem Gebiet der Hygiene geforscht. Zu deren Resultaten gehört zunächst die Feststellung, dass Keime häufig von Mensch zu Mensch übertragen werden. Ein Mensch kann laut der Veröffentlichung des Bundesinstituts Keime mit sich tragen, jedoch vollkommen symptomfrei sein.

Da die Hände eine Brutstelle für Keime darstellen, schlägt das Bundesinstitut für Berufsbildung eine angemessene Reinigung der Hände vor, um das Verbreiten von Keimen zu verhindern.

Hierfür werden vier Schritte vorgeschlagen, die nach jedem Beginn eines neuen Arbeitsschrittes, nach jedem Toilettengang, nach der Rückkehr aus einer Arbeitspause und bei Bedarf, z.B. bei einer Verschmutzung der Hände, durchgeführt werden sollten. Zunächst sollen die Hände grob mit Seife eingerieben und mit einer Bürste geschrubbt werden. Danach sollen sie abgespült werden. Anschließend sollen die Hände sorgfältig mit Seife eingeseift, mit Wasser abgespült und vollkommen trocken gerieben werden. Ist dies abgeschlossen, sollen die Hände im dritten Schritt 30 Sekunden mit Desinfektionsmittel eingerieben werden. Um eine Hautreizung zu vermeiden, soll die Haut zum Schluss mit einer Pflegecrem behandelt werden.
Da sich auch auf der Kleidung auf die Dauer Keime ansammeln, wird das Tagen und regelmäßige Wechseln von Schutzkleidung für alle Personen mit direktem Kontakt zu Lebensmitteln empfohlen.
Auch die Arbeitsumgebung einer Person im Lebensmittelbereich soll möglichst vor Keimen geschützt werden. Hierzu soll sie gereinigt werden, was die Entfernung von Schmutz und Lebensmittelrückständen betrifft, um eine Verschleppung von Keimen zu verhindern.

2.Eigene wissenschaftliche Versuche

2.1 Versuch 1

Nach dieser Zusammenfassung bisheriger Forschungen auf dem Gebiet der Hygiene im Lebensmittelverkauf möchte ich eine eigene Untersuchung vorstellen, die ich zur Frage des Hygieneschutzes im Lebensmittelverkauf durchgeführt habe. Es geht darum, zu prüfen, welche der oben genannten verschiedenen Aussagen zu möglichen Hygienemaßnahmen am ehesten zutreffen.

2.1.1 Grundlage

Hierzu wurde eine Versuchsreihe in der sogenannten „Power-Pause" angesetzt, einer von Schülern des Gymnasium Edenkoben für die Schule organisierten Verkaufsaktion, in der Lebensmittel in der Schule zubereitet und vor Ort verkauft werden. Es handelt sich um eine Aktion, die von 08:05 Uhr bis 12:28 Uhr andauert. Während nur in den Zeiträumen 09:37 – 09:55 Uhr und 11:27 – 11:43 Uhr Lebensmittel verkauft werden, finden in der restlichen Zeit die Vorbereitungen und Zubereitungen der Nahrung statt. Da es in dieser Aktion keine festen Aufgabenfelder gibt, sondern jede Person da eingesetzt wird, wo sie gerade benötigt wird, werden üblicherweise auch keine speziellen Handlungsaufforderungen an die jeweiligen Personen gestellt. Bei den verkauften Produkten handelt es sich um: Erdbeerspieße, belegte Brote (mit normaler und Putensalami), Wraps (belegt mit Tunfisch, Frischkäse, Salat, Putenbrust, Tomaten, Karotten, Käse und Schinken), Obstsalate (mit Erdbeeren, Äpfeln, Ananas und Nektarinen), Crêpe (mit Zimt und Zucker) und Erdbeerjogurt (Erdbeeren, Naturjogurt und Vanillezucker). Während des Versuchs kamen die Versuchspersonen mit den meisten dieser Zutaten in Kontakt. Des Weiteren führten sie Tätigkeiten wie Schneiden von Obst/Gemüse, Waschen von Equipment (Schneidebretter, Messer, Siebe etc.) und das Auf– und Abbauen von Stühlen und Tischen durch. Alle teilnehmenden Personen wurden dazu aufgefordert, sich an die Ordnung des Gesundheitsamtes zu halten, die Behandlung von Lebensmitteln und die Annahme von Geld zu trennen.

2.1.2 Versuchsaufbau:

Für den durchgeführten Versuch wurden 8 Personen ausgesucht, die dazu aufgefordert wurden, ihre normalen Tätigkeiten unter bestimmten definierten Voraussetzungen bzw. Versuchsbedingungen

11

durchzuführen. Um ein hinreichend sicheres Ergebnis zu erhalten, mussten jeweils 2 Probanden unter denselben Versuchsbedingungen arbeiten:

- 2 Personen sollten während des gesamten Versuchszeitraumes dieselben Handschuhe tragen und diese nur mit Wasser waschen.
- 2 Personen sollten keine Handschuhe tragen und sich die Hände normal nach ihren individuellen Standards waschen.
- 2 Personen sollten sich an die Vorgaben des „Bundesinstitut für Berufsbildung" halten und sich nach deren Verordnung die Hände waschen.

Um anschließend die Keimbelastung auf den Händen der Probanden zu überprüfen wurde das Abklatschverfahren (bei dem Abklatschverfahren werden Proben, in diesem Fall die Handoberfläche, auf einen Nährboden übertragen und das Bakterienwachstum in einem bestimmten Zeitrahmen beobachtet) auf „Columbia-Agar mit Schafblut" gewählt, da dort alle Arten von Keimen wachsen und es in den Versuchen um die Masse der Mikroorganismen auf der Hand geht und nicht um die Art der vorhandenen Mikroorganismen.

Jeder Proband wurde dazu aufgefordert, bei Antritt seiner Arbeit sich nach seinen Vorgaben die Hände zu waschen und dann einen Abklatsch durchzuführen. Dies soll die individuelle Keimbelastung der Hände zum Arbeitsbeginn zeigen.

Nach Beendigung der Arbeit wurde erneut ein Abklatsch der Hände durchgeführt. Bei den Personen, die Handschuhe trugen, wurde beim zweiten Abklatsch nur die Außenseite der Handschuhe getestet.

Um die Keimbelastung der Handschuhe vor deren Nutzung zu überprüfen, wurde auch ein Abklatsch von einem frisch aus der Verpackung genommenen Handschuh gemacht. Alle Versuchspersonen nahmen ihre Handschuhe aus eben dieser Packung.

Ein Nährboden wurde nicht geöffnet, um eine durch die Luft ausgelöste Belastung mit Keimen zu verhindern, und als Probe dann zu den anderen gemessenen Nährböden gestellt, um eine natürliche Keimbelastung der Nährböden zu prüfen und auszuschließen.

Da vom Gesundheitsamt die strickte Aufforderung gilt, die Ausgabe von Essen und das Berühren von Geld zu trennen, wurden alle Probanden darauf hingewiesen, den Kontakt mit Geld grundsätzlich zu vermeiden.

Um die Auswertung des Versuchs zu vereinfachen, wurden den einzelnen Versuchspersonen spezifische Codierungen geben:

- Die erste Versuchsperson, die durchgehend dieselben Handschuhe trugen, wurde als H1 bezeichnet.
- Die zweiten Versuchsperson, die durchgehend dieselben Handschuhe trug, wurden wird als H2 bezeichnet.
- Die erste Versuchsperson, die sich auf ihre eigene Art die Hände wusch, wurde als W1 bezeichnet.
- Die zweite Versuchsperson, die sich auf ihre eigene Art die Hände wusch, wurde als W2 bezeichnet.
- Die erste Versuchsperson, die sich die Hände nach Vorgabe des „Bundesinstituts für Berufsbildung" reinigte, wurde als B1 bezeichnet.
- Die zweite Versuchsperson, die sich die Hände nach Vorgabe des „Bundesinstituts für Berufsbildung" reinigte, wurde als B2 bezeichnet.

2.1.3 Hypothesen:

Es wird davon ausgegangen, dass sich im Laufe eines Arbeitstages die meisten Keime auf der Oberfläche der Handschuhe sammeln, da diese nicht gewechselt und im Gegensatz zu Personen ohne Handschuhe nicht gereinigt wurden. Obwohl die Personen, die sich die Hände nach ihrem eigenen Stil normal die Hände wuschen und nicht im oben dargestellten richtigem Händewaschen unterwiesen wurden, wird doch vermutet, dass bei diesen unter diesen Waschbedingungen weniger Keimbelastung zu finden sind als auf den Einmalhandschuhen der Probanden .
Bei den Probanden, die sich an die Vorgaben des „Bundesinstitut für Berufsbildung" zum Waschen der Hände halten, sollten auf den Händen die wenigsten Keime zu finden sein.

2.1.4 Versuchsauswertung:

Als erstes traf Versuchsperson W1 ein, die sich auf Anweisung hin die Hände wusch und um 08:09 Uhr den ersten Abklatsch durchführte. Nach diesem Zeitpunkt trafen alle Versuchspersonen nacheinander ein und führten einen Abklatsch ihrer frisch gewaschenen Hände durch (Die genauen Zeiten sind in der Auswertungstabelle im Anhang vermerkt). Die letzte Person ging um 12:31, was einen Versuchszeitraum von 4 Stunden und 22 Minuten erzeugt.

Auswertung der Ergebnisse:

Die Bilder zu dem Versuch finden sie in Anhang 4.2.2

Versuch	Uhrzeit	Versuch Zeitraum	Kolonien Anzahl
Empfohlene Handreinigung 1 gemäß Bundesinstitut für Berufsbildung (BfB) (B1)	08:12	4 Std. 17 Min.	16
	12:29		12
Empfohlene Handreinigung 2 gemäß BfB (B2)	08:13	4 Std. 18 Min.	2
	12:31		1
Handreinigung mit Seife 1 (W1)	08:09	4 Std. 10 Min.	7
	12:19		134
Handreinigung mit Seife 2 (W2)	08:10	4 Std. 10 Min.	50
	12:20		15
Handschuhe 1 (H1)	08:11	4 Std. 6 Min.	12
	12:17		165
Handschuhe 2(H2)	08:29	3 Std. 45 Min.	13
	12:16		48
Unbenutzter	-		1

Handschuh			
Ungeöffnete Probe	-	-	-

(Auszug aus Tabelle 1 (Anhang 4.2.1). In der Tabelle im Anhang werden des weiteren Größe und Form der Bakterien dargelegt sowie ergänzende Anmerkungen zu den einzelnen Versuchspersonen gemacht.) Schon im ersten Schritt, bevor die Personen mit der Arbeit begonnen haben, ließ sich ein deutlicher Unterschied der Keimbelastung zwischen den einzelnen Probanden feststellen. Der auffälligste Unterschied zeigte zwischen den Versuchspersonen W2 und B2. Während bei Versuchsperson B2 lediglich zwei kleine Kolonien vorhanden waren (eine Kolonie ist eine Ansammlung von mehreren Mikroorganismen derselben Art, so dass diese auch ohne Mikroskop zu erkennen sind. Das Zählen von Kolonien wird als Auswertungskriterium des Abklatschverfahrens verwendet), sind bei Versuchsperson W2 50 verschiedene Kolonien vorhanden.

Vergleich H1 und H2

Die am Ende der Power-Pause genommenen Proben lassen klare Rückschlüsse auf die Effektivität der einzelnen Hygienemaßnahmen zu.

So waren die meisten Kolonien bei der 12:17 Uhr genommene Probe von Versuchsperson H1 (Person, die nur Handschuhe trug) zu finden, auch wenn von den 165 Kolonien die meisten klein bis winzig waren. Demgegenüber waren auf den Nährböden von Versuchsperson H2 lediglich 48 Kolonien zu erkennen. Dies verweist darauf, dass die zwei Versuchspersonen unterschiedliche Arbeitsvorgänge durchgeführt haben müssen.

Da die Handschuhe aus derselben Box genommen worden waren und auch die natürliche Keimbelastung der Hände nicht auf die Handschuhaußenseiten wirkt, ist dies die naheliegende Erklärung

Vergleich W1 und W2

Ebenfalls ein starker Unterschied war zwischen den Versuchspersonen W1 und W2 zu erkennen. So waren auf der 12:20 Uhr - Probe von W2 nur 15 mittelgroße bis große Kolonien zu erkennen, während auf der Probe von W1 134 verschieden große Kolonien zu erkennen waren.

15

Da W2 die Hände bei der Probe um 12:20 Uhr unter denselben Umständen wie am Ende der Arbeit gewaschen hat wie zu Beginn, hat die Person wohl ihr Waschverhalten während des Experiments geändert. So hat die Belastung auf den Händen von W2 abgenommen, während sie bei W1 um ein vielfaches zugenommen hat. Da beide Personen sich nur während des Versuches die Hände gewaschen haben, jedoch nicht direkt vor den Probenahmen, könnte sie auch die Keime auf die Ware übertragen haben.

Vergleich B1 und B2

Auch zwischen den beiden Personen, welche sich an die Vorgaben des „Bundesinstituts für Berufsbildung" gehalten haben, können Unterschiede untereinander festgestellt werden.
So weist B1 mit 16 Kolonien schon vor Beginn des eigentlichen Experiments deutlich mehr Keime auf als B2, bei welcher nur zwei Kolonien zu finden waren. Dieser Unterschied zeigt sich auch im späteren Verlauf des Versuches, da B2 bei der letzten Probenahme nur 1 Kolonie und B1 12 Kolonien zeigten.

Vorbelastung der Handschuhe

Auf diesem Nährboden entstand ebenfalls eine Kolonie, auch wenn sie nur klein war, was auf eine gewisse Vorbelastung der Handschuhe schließen lässt.

2.1.5 Zusammenfassung:

Zusammengefasst bedeutet das, dass es einen natürlichen Unterschied bei der Keimbelastung unter den Probanden gibt. Während es zwischen W1 und W2 sowie H1 und H2 deutliche Unterschiede in der Keimbelastung gab, fiel der Unterschied zwischen B1 und B2 weniger extrem aus. Jedoch ist bei H1 und H2 noch die Vorbelastung der unbenutzten Handschuhe zu beachten, weshalb diese schon vor Arbeitsbeginn mit Keimen belastet sind.

Anhand der Versuchsergebnisse lässt sich die zu Anfangs aufgestellte Hypothese, dass die Durchführung der empfohlenen Handreinigung des „Bundesinstituts für Berufsbildung" zur geringsten Keimbelastung führt, bestätigen. Es gibt zwar einen Unterschied zwischen B1, die um 12:29 Uhr noch genügend Keime auf der Hand hatte, so dass 12 Kolonien entstehen konnten, und B2 , die um 12:31 Uhr lediglich zur Bildung einer Kolonie führte. Jedoch stellen diese Zahlen im Vergleich zu den anderen Probanden ein Minimum da. Die Unterschiede in den Keimen bei B1 und B2 zwischen der ersten Probe vor Beginn der

Arbeit und der letzten probe nach der Arbeit waren deutlich geringer (Beginn: B1=16, B2=2. Ende: B1=12, B1=1) als bei den anderen (Beginn: W1=7, W2=50, H1=12, H2=13. Ende: W1=134, W2=15, H1=165, H2=48).

Die Hypothese, dass die durchgehend getragenen Handschuhe das am stärksten mit Keimen belastete Material sei, wurde durch den Versuch nicht bestätigt. Während H1 und H2, am Ende des Versuchs, vorwiegend kleine bis winzige Kolonien aufweisen, sind zu diesem Zeitpunkt sowohl bei W1 als auch bei W2 vermehrt große bis sehr große Kolonien zu erkennen. Unter Beachtung dieser Tatsache, weist H1 (165 Kolonien) mehr Keime auf als W1 (134), allerdings sind die Kolonien bei H1 um ein vielfaches kleiner als die großen, bzw. sehr großen Kolonien von W1.

2.1.6 Mögliche Gründe für die Abweichung der realen Ergebnisse von erwarteten Ergebnissen:

Die aufgestellte Hypothese besagte, dass die Personen, welche sich an die Vorgaben des „Bundesinstituts für Berufsbildung" halten, die wenigsten Keime auch nach der Arbeit, vorweisen sollten. Die Personen welche sich normal die Hände wuschen, hätten nach den aufgestellten Hypothesen dazu mehr Keime aufweisen sollen als die Personen, welche nur Handschuhe trugen. In diesem Abschnitt soll nun die Frage beantwortet werden, wieso die Keimbelastung bei einigen Probanden höher und bei anderen niedriger war als erwartet.

Da es sich bei der Power-Pause nicht um einen wissenschaftlichen Labor-Betrieb, sondern um eine Schülerveranstaltung im Alltag handelt, ist es nicht möglich, einen exakt kontrollierbaren Rahmen für die Versuche zu schaffen. Obwohl allen Probanden mitgeteilt wurde, um 08:05 Uhr vor Ort zu sein, trafen sie von 08:09 bis 08:29 ein (für die weiteren Uhrzeiten siehe Tabelle 1 im Anhang). Auch das letztliche Abgeben der Proben geschah zu unterschiedlichen Zeiträumen, was zu unterschiedlichen Versuchszeiträumen führte.

So betrug der längste Zeitraum 4 Stunden und 18 Minuten (B2) und der kürzeste Zeitraum lediglich 3 Stunden und 45 Minuten (H2). Die restlichen Zeiten sind in der Tabelle im Anhang vermerkt (Tabelle1). Trotz der anfangs geäußerten Aufforderung, den Kontakt mit Geld zu vermeiden, halfen die Probanden H1 und W1 am Ende der Power-Pause beim Auszählen des Geldes. Obwohl danach keine Lebensmittel mehr berührt wurden, verfälscht die Berührung von Geld, was bekanntermaßen stark mit allen möglichen Keimen belastet ist, die Auswertung der Versuche und muss bei der Interpretation der Ergebnisse berücksichtigt werden. Dies führt zu dem Schluss, dass sowohl die Belastung von H1 als auch W1 um ein deutliches niedriger wäre und somit möglicherweise ähnlich wie die Belastung von H2 und W2 wären. Des Weiteren wird die aufgestellte These, dass H1 einer anderen Tätigkeit als H2 nachgegangen ist, bestätigt. Das Berühren des stark mit Keimen belasteten Geldes führte zu einer Erhöhung der Keimbelastung auf den Händen von W1 und H1.

Ebenfalls zu beachten ist, dass B2 ein Praktikum in einer medizinischen Klinik hatte und dort vor der OP mehrfach in der empfohlenen Händedesinfektion unterwiesen wurde. Dies kann den starken unterschied zwischen B1 und B2 erklären.

2.2 Versuch 2

2.2.1 Grundlage:

Um die in Versuch 1 bestätigte Annahme zu untermauern,, dass das Anwenden der von dem „Bundesinstituts für Berufsbildung" vorgegebenen Händehygiene tatsächlich die effektivste Hygienemaßnahme ist, wurde eine zweite Versuchsreihe in unserem Schulkiosk gestartet. Dieser wird von Schülern betrieben und öffnet zweimal täglich für 18 (Pause 1) und 16 (Pause 2) Minuten. Vor und nach diesen Zeiträumen bereiten die Schüler die zu verkaufenden Waren zu. Das bedeutet, dass sie Brötchen mit Butter schmieren und mit verschiedenen Frischwaren (Salami, Käse oder Lyoner) belegen. Darüber hinaus richten sie Waren wie Brezeln oder Laugenstangen zum Verkauf. Beim Ausgeben der Waren kommen sie ebenfalls in Kontakt mit vielen verpackten Waren wie Eistee, Schokoriegel und Kekse. Der Kiosk hält sich an die grundlegenden Anordnungen des Gesundheitsamtes.

So werden die Ausgaben von jeglichen Lebensmitteln und die Annahme von Geld strikt getrennt und alle Mitarbeiter haben eine Unterweisung in Hygiene und ansteckenden Krankheiten erhalten. Die Schichten des Kiosks bestehen jeweils aus drei Personen, von denen zwei Personen für die Warenausgabe und eine Person für die Annahme des Geldes verantwortlich sind.

Alle Mitarbeiter müssen sich vor Schichtbeginn die Hände waschen, dann ziehen die zwei Personen, welche mit Lebensmitteln in Kontakt kommen, frische Einmalhandschuhe an, während die Person, welche das Geld entgegen nimmt, keine Handschuhe anziehen muss.

2.2.2 Versuchsaufbau

In diesem Versuch soll erneut überprüft werden, ob das Tragen von Handschuhen, normales Händewaschen oder das Waschen gemäß der Empfehlung des „Bundesinstituts für Berufsbildung" am hygienischsten ist, um somit zu prüfen, ob sich die Ergebnisse des ersten Versuchs bestätigen lassen. Daher wurden drei Versuchsreihen in drei verschiedenen Pausen angesetzt:

1. Versuchsreihe (Pause 1)	Zwei Personen tragen Handschuhe und eine Person wäscht sich die Hände, um die Hygiene bei den normalen Arbeitsvorgängen des Kiosks zu überprüfen.
2. Versuchsreihe (Pause 2)	Drei Personen waschen sich nach eigenem Ermessen, um die hygienische Wirkung von normalem Händewaschen zu überprüfen.
3. Versuchsreihe (Pause 3)	Drei Personen halten sich an die Vorgaben des „Bundesinstituts für Berufsbildung", um die hygienische Wirkung dieser Vorgaben zu überprüfen.

Die Versuche werden in drei Pausen durchgeführt, bei denen zuerst direkt nach der Handreinigung bzw. dem Anziehen der Handschuhe)und später nach der Schicht Proben von den Händen bzw. den Handschuhaußenseiten genommen und auf einen Nährboden übertragen werden.

In der ersten Pause sollte die Zahl der Keime auf den Handschuhaußenseiten vor und nach dem Arbeiten überprüft werden. Die Personen sollten die Handschuhe weder mit Wasser noch Seife waschen, da dies im normalen Kioskalltag unüblich ist. Daher sollten die Probanden ihren normalen Tätigkeiten innerhalb ihrer Schicht nachgehen, ohne weitere Anweisungen zu erhalten. Da die Ausgabe von Lebensmitteln und die Annahme von Geld strikt getrennt werden, ist hier eine Frage nach den hygienischen Standards irrelevant (die natürliche Keimbelastung von Geld ist hinreichend nachgewiesen). Die Person, welche das Geld annimmt, muss demnach keine Handschuhe tragen, sondern sich nur die Hände waschen, wie dies im Kiosk gehandhabt wird.

In der zweiten Pause sollte dann überprüft werden, ob es einen Unterschied zwischen der Keimbelastung auf den Handschuhen und den Händen gibt, wenn letztere normal gewaschen werden. Auch hier sollten die Probanden ihren normalen Aufgaben nachgehen. Auf die Person, welche das Geld annimmt, wird auch hier im experimentellen Design keine größere Rücksicht genommen.

In der dritten Pause wird nun Überprüft, ob die Empfehlung des „Bundesinstituts für Berufsbildung "die Keimbelastung auf den Händen mehr reduziert als die anderen Hygienemaßnahmen. Nun sollen sich alle Probanden (auch die Person welche mit Geld in Kontakt kommt) die Hände zu Beginn ihrer Schicht nach den Vorgaben des „Bundesinstituts für Berufsbildung" reinigen und dann ihren normalen Tätigkeiten nachgehen. Alle Probanden durften sich, so wie es Kiosknorm war, nur zu Beginn ihrer Schicht die Hände waschen.

Wie auch beim ersten Versuch wird eine nicht geöffnete Probe zu den anderen Proben hinzugefügt, um eine Vorbelastung der Nährböden auszuschließen.

2.2.3 Hypothesen:

Auf Grundlage des ersten Versuches werden in diesem Versuch ähnliche Ergebnisse erwartet. So sollten die Probanden, welche sich an die Empfehlung des „Bundesinstituts für Berufsbildung" halten, am Ende ihrer Arbeit die geringste Keimbelastung aufweisen während sich die Keimbelastung der gewaschenen Hände und Handschuhe ähneln dürfte.

2.2.4 Versuchsauswertung

Die Bezeichnungen der Probanden aus dem ersten Versuches werden auch hier beibehalten, allerdings gibt es nun 4 Probanden, welche sich die Hände normal Waschen (W1 in Pause 1/ W2, W3 und W4 in Pause 2), und nur zwei Probanden, die Einmalhandschuhe tragen (H1 und H2 in Pause 1) sowie drei Probanden, welche sich an die Vorgaben des „Bundesinstituts für Berufsbildung" halten (B1, B2 und B3 in Pause 3). Kam eine der Testpersonen während ihrer Arbeit in Kontakt mit Geld, so erhielten sie die Anmerkung „Geld" (siehe Tabelle2).

Ebenfalls zu beachten sind die zeitlichen Unterschiede. So dauern die Pausen eins und drei 16 Minuten während die zweite Pause 18 Minuten dauert.

Bei den Probanden W2, W3 und W4 und B1, B2 und B3 handelt es sich um dieselben Personen, da die diese Versuchsgruppen an einem Tag stattfanden

Auswertung der Ergebnisse:

Wie beim ersten Versuch wurde auch in diesem Versuch ein deutlicher Unterschied in der grundlegenden Keimbelastung zwischen den einzelnen Probanden festgestellt. Diese Unterschiede, die nicht durch die expliziten Versuchsbedingungen erzeugt wurden, erwiesen sich somit erneut als selbst erklärungsbedürftig. Am besten zeigt sich dies bei W1 mit 53 Kolonien und W2 mit 0 Kolonien. Die Bilder zu diesem Versuch finden sie in Anhang 4.2.5.

Versuch	Uhrzeit	Versuch Zeitraum	Kolonien Anzahl
Handreinigung mit Seife 1 (W1)	11:31	16 Min.	53
	11:47		60
Handreinigung mit Seife 2 (W2)	09:41	16 Min.	0
	09:57		10
Handreinigung mit Seife 3 (W3)	09:41	15 Min.	38
	09:56		14
Handreinigung mit Seife 4 (W4)	09:46	11 Min.	13
	09:57		13
Handschuhe 1 (H1)	11:30	18 Min.	16
	11:48		9
Handschuhe 2(H2)	11:32	16 Min.	40
	11:48		51
Empfohlene Handreinigung 1 des BfB (B1)	11:26	10 Min.	2
	11:46		8
Empfohlene Handreinigung 2 des	11:27	19 Min.	18

BfB (B2)			
	11:46		6
Empfohlene Handreinigung 3 des BfB (B3)	11:29	18 Min.	24
	11:47		14
Ungeöffnete Probe	-		-

(Auszug aus Tabelle 2 (Anhang 4.2.3) In der Tabelle im Anhang wird des Weiteren auf Größe und Form der Bakterien eingegangen und dort sind auch Anmerkungen zu den Versuchspersonen enthalten.) Da in der ersten Versuchsreihe die einzelnen Personen schon ausreichend miteinander verglichen wurden, wurden die Vergleiche der einzelnen Personen hier in den Anhang verlegt (siehe Anhang 4.2.4)

2.2.5 Zusammenfassung:

Die stärkste Keimbelastung des Versuches war zum Zeitpunkt am Ende der Schicht bei W1 mit 60 zu erkennen, nachdem dieser in seiner Schicht mit Geld gearbeitete hatte.

Im Gegensatz dazu steht W2 mit 0 Keimen auf der Hand. Dies stellt jedoch die Ausnahme dar, da außer W2 alle Probanden, welche sich die Hände wuschen, sowohl vor als auch nach der Arbeit, eine erhöhte Keimbelastung aufwiesen.

Jedoch ließ sich auch für die frisch angezogenen Handschuhe eine erhöhte Keimbelastung nachweisen. Zwar war die Keimbelastung von H1 geringer als die Keimbelastung der frisch gewaschenen Hände von W1 und W4, jedoch liegt sie immer noch über den Ergebnissen von W2 und W3.

W1 weist mit 53 Kolonien die stärkste Anfangsbelastung im gesamten Versuch auf, was auf eine Person bedingtes schlechtes Händewaschen hinweist.

Die geringste Durchschnittskeimbelastung, sowohl zu Beginn als auch nach dem Ender der Arbeit, ließ sich eindeutig bei Personen nachweisen, die sich an die Empfehlung des „Bundesinstituts für Berufsbildung" gehalten hatten. Die höchste Anfangsbelastung, direkt nach dem Reinigen der Hände am Beginn der Schicht, liegt in dieser Gruppe bei 24, was deutlich niedriger als bei allen anderen Versuchsgruppenbedingungen ist.

22

Dieser Versuch kann daher erneut als Bestätigung der zuvor aufgestellten Hypothese interpretiert werden. Es wurde bestätigt, dass die empfohlene Handreinigung des „Bundesinstituts für Berufsbildung" die effektivste Hygienemaßnahme ist, sofern sie richtig durchgeführt wird. Demgegenüber ließ sich, die Hypothese, dass Handschuhe einen Vorteil gegenüber dem üblichen Händewaschen bringen, nicht global bestätigen. Das gilt offenbar nur, wenn die Hände zu Beginn zu stark belastet sind oder nicht richtig gereinigt werden.

Die Bedeutung ausführlichen und angemessenen Händewaschens zeigte Proband W2, weil sein persönliches gründliches Händewaschen nicht nur deutlich effektiver war als die Empfehlung des „Bundesinstituts für Berufsbildung", sondern auch wesentlich langanhaltender. Dies wird auch besonders daran deutlich, dass es sich bei den Probanden W2 und B2 um dieselbe Person handelt.

Eines der wohl interessantesten Ergebnisse bei diesem Versuch ist, dass die Keimbelastung bei einigen Probanden (W3, H1, B2 und B3) nach den Arbeitsvorgängen im Vergleich zur Ausgangsbedingung gesunken ist anstatt wie erwartet anzusteigen. Da sich alle Probanden an die Anweisung, hielten, sich während der Arbeit keine Hände zu waschen, muss die Ursache dafür woanders liegen.

2.2.6 Mögliche Gründe für die Abweichung bestimmter Ergebnisse von den erwarteten Ergebnissen:

Auch in diesem Versuch kam es wieder zu Abweichungen von den erwarteten Ergebnissen. Das wohl unerwartetste Ergebnis dieses Versuchs ist, dass bei drei Probanden eine Reduzierung der Keime während der Arbeit stattgefunden hat. Für solche Abweichungen realer von erwarteten Ergebnissen gibt es viele Erklärungsmöglichkeiten. So waren, wie bei dem ersten Versuch, die Versuchszeiträume unterschiedlich lang. Der längste Versuchszeitraum ging über 19 Minuten, während der kleinste Versuchszeitraum nur 10 Minuten betrug. Dies liegt daran, wie zu Anfang bereits erklärt wurde, dass die Pausen unterschiedlich lange sind.

Die unterschiedlichen Pausen führen hier demnach auch zu unterschiedlichen Versuchsbedingungen. Bei W4 kam es weder zu einer Steigung noch zu einer Senkung der Keimbelastung. Der Grund dafür ist wohl der, dass diese Person trotz Anweisung sofort nach der Arbeit die Hände gewaschen hatte und erst danach eine Probe abgab. Dafür, dass es bei den anderen Probanden zu einer Verminderung der Keimbelastung kam (bei W3, H1, B2 und B3), bieten sich zwei mögliche Erklärungen an.

Eine ist die, dass diese Probanden während des Versuchszeitraums keine keimbelasteten Gegenstände (Wurst, Messer, Theke…..) berührt haben, sondern lediglich Gegenstände, auf die sie Keime hätten übertragen können. So könnten sie z.b. vermehrt Brötchen berührt haben, die weniger natürliche Keimbelastungen haben als z.b. Wurstwaren. Eine zweite Erklärung bestünde darin, dass in dem Arbeitsumfeld des Kiosks irgendeine keimabtötende Substanz vorhanden war.

Diese Probanden könnten durch das unabsichtliche Berühren dieser Substanz einen Teil der Keimbelastung auf ihren Händen zerstört haben. Diese Erklärung erscheint insofern realistischer, als es nur wenige Materialien gänzliche ohne Keime auf der Oberfläche gibt.

3. Zusammenfassung der Ergebnisse, Bewertung und Empfehlung

3.1. Zusammenfassung der Ergebnisse

Nach Darstellung des Wissens und der Fakten zu Bakterien und zu Hygienemaßnahmen, nach Präsentation hierzu bekannter bisheriger empirischer Untersuchungen, nach Abschluss und Auswertung der selbst durchgeführten Versuchsreihen mit Präsentation der empirischen Ergebnisse und nach Interpretation der Ergebnisse werden im Folgenden alle erhaltenen Ergebnisse miteinander in Zusammenhang gesetzt und zusammenfassend gewertet.

Bakterien gehören zu den Prokaryoten und gehören zu den Domänen des Lebens. Für den Menschen können sie vor allem durch die im Stoffwechsel produzierten Toxine gefährlich werden. Diese werden in Endotoxine und Exotoxine unterschieden und schaden dem menschlichen Körper. Vor allem unter dem Gesichtspunkt der multiresistenten Bakterien ist eine Verbreitung von Bakterien über die Lebensmittel auf jeden Fall zu vermeiden.

Die rechtliche Lage in Deutschland in Bezug auf die Hygiene ist sehr vage.

Prinzipiell sollen alle Personen, welche gewerblich mit Lebensmitteln in Kontakt kommen, die Verbreitung von Keimen durch Lebensmittel vermeiden. Wie genau sie das machen können oder sollen, bleibt ihnen überlassen. Der Gesetzgeber schreibt nur vor, dass Beschäftigte an einem Vortrag in einem Gesundheitsamt teilnehmen und dass regelmäßige Kontrollen durchgeführt werden.

Die einzige Regel, die die Verbreitung von Bakterien wirklich verhindern kann, ist im zweiten Absatz Lebensmittelgesetz (LMG) enthalten, nach welchem keine Lebensmittel ausgegeben werden dürfen, die im Sinne des Artikels 14 Absatz 2 Buchstabe a der Verordnung (EG) Nr. 178/2002 gesundheitsschädlich sind.

Um einer realen Verbreitung von Bakterien vorzubeugen, haben einige Wissenschaftler und Institute Forschungen auf dem Gebiet der Hygiene betrieben. Dabei sollte zunächst geklärt werden, ob das Tragen von Handschuhen, das Waschen von Händen und das Desinfizieren von Händen überhaupt helfen kann. Während Desinfizieren und Händewaschen durch eine Denaturierung der Bakterienproteine und eine Zersetzung der Lipidhüllen funktionieren, können Handschuhe nur das Übertragen von Keimen des Personals auf die Ware verhindern.

Darüber hinaus zeigten Forschungen des „American Journal of infection control", dass 30 Sekunden Händewaschen nahezu 100% der Bakterien auf der Haut auslöschen kann. Die Forschung der „Berufsgenossenschaft Handel und Warendistribution" zeigte, dass das Tragen von Handschuhen keinen Vorteil gegenüber gründlichem Händewaschen bringt und dass man mit Handschuhen die natürlichen Bakterien einer Ware auf die anderen Waren überträgt. Das „Bundesinstituts für Berufsbildung" hat eine Empfehlung veröffentlicht, wie die Hände am besten gereinigt werden sollten.

Die hier vorgestellten eigenen Untersuchungen wurden in einer Schule durchgeführt, die einen öffentlichen Raum darstellt. In den Versuchen war es darum gegangen, zu überprüfen, was am effektivsten gegen Keime ist: normales Händewaschen, das Tragen von Handschuhen oder die Empfehlung zur Handreinigung vom „Bundesinstitut für Berufsbildung". Die Ergebnisse zeigten, dass am wenigsten Keime zurücklässt, wer der Empfehlung des „Bundesinstitut für Berufsbildung" folgt. Allerdings zeigte sich in der zweiten Versuchsreihe, dass es eine Person durch Händewaschen schaffte, 100% der Bakterien von ihrer Hand zu entfernen.

An dieser Stelle sollte noch erwähnt werden, dass es sich bei den Versuchen um Feldversuche gehandelt hat und sie nicht in gesicherten Laborumständen durchgeführt wurden. Außerdem handelte es sich bei den Versuchspersonen um Laien welche die ihnen übertragenen Aufgaben nicht erfüllen konnten oder es auch vergaßen.

Zwar ist der Kiosk der beforschten Schule kein gewerbliches Unternehmen und unterliegt nicht allen gesetzlichen Regelungen, jedoch hält er sich an die grundliegenden hygienischen Richtlinien. Das heißt, dass er kein HACCP-Konzept benötigt und auch nicht vom Gesundheitsamt dahingehend überprüft wird.

Allerdings müssen die Leiter des Kiosks an einer Gesundheitsbelehrung im Gesundheitsamt teilnehmen und das Gelernte an alle Mitarbeiter weitergeben. Außerdem werden die Ausgabe von Lebensmitteln und die Annahme von Geld strikt getrennt.

Dies scheint auf Grundlage der Ergebnisse des ersten Versuches auch sehr sinnvoll zu sein. Hier war eine besonders hohe Belastung der Handinnenfläche bzw. der Handschuhaußenseite bei den Personen zu erkennen, die mit Geld in Berührung gekommen waren. Obwohl der Kiosk alle Forderungen des Staates in Bezug auf Hygiene erfüllt, wurde in dem Versuch doch eine starke Keimbelastung der Handschuhe nachgewiesen, welche sich auf die Lebensmittel übertragen kann. Auch die anderen möglichen Hygienemaßnahmen haben vergleichsweise wenig geholfen.

Was sich in beiden Versuchen am deutlichsten zeigte ist, dass eine Kombination von Händewaschen und Desinfizieren, wie es die „Bundesinstituts für Berufsbildung" empfiehlt, als die effektivste Hygienemaßnahme gelten kann. Die Ursache dafür liegt vermutlich in der Kombination aus den mechanischen Kräften der Seife, die den Schmutz und einen Großteil der Bakterien abtötet, mit der denaturierenden Wirkung des Desinfektionsmittels, das die übrigen Bakterien abtötet. Dies gilt jedoch nur, wenn man das anhand einer durchschnittlichen Keimbelastung misst. Im Einzelfall muss und kann man bei der Reinigung von Händen beobachten, dass die Gründlichkeit, mit welcher diese Reinigung jeweils durchgeführt wird, entscheidend für die Effektivität dieser Art der Hygiene ist. So ist im ersten Versuch bereits ersichtlich, dass die beiden Person, welche sich laut Anweisung an die Vorgaben des „Bundesinstituts für Berufsbildung" hielten, trotzdem eine unterschiedlich starke Keimbelastung vorweisen. Ergänzend bestätigt dann der zweite Versuch die Ergebnisse des „American Journal of infection control": Hier ließ sich für eine Person, die sich besonders gründlich die Hände gewaschen hatte, eine Keimbelastung von 0 Kulturen nachweisen. Dies bestätigt die These, dass mindestens 30 Sekunden gründliches Händewaschen 100% der Bakterien auf der Hand abtötet.

Lässt man diese Sonderfälle außer Acht, bei denen sich die Keimanzahl überdurchschnittlich verminderte, dann wird deutlich, dass bei allen Testpersonen die Keimanzahl während der Arbeit stark gesteigert hat.
Bei der Person, welche sich gründlich die Hände gewaschen hatte, kam es nur zu einer geringen Steigerung. Solang die Personen, welche Handschuhe trugen den Kontakt zu Bargeld vermieden, kam es bei allen Personen zu einer ähnlichen Keimbelastung nach der Arbeit. Dies sieht man auch, wenn man den ersten und den zweiten Versuch im Vergleich sieht.

Dies bestätigt die Aussage, dass das gründliche Waschen von Händen den Schmutz entfernt und somit kein Nährmedium für die Bakterien zurücklässt.

Mithilfe der durchgeführten Versuche wurden zusammenfassend die Ergebnisse der „Berufsgenossenschaft Handel und Warendistribution" bestätigt, wonach das Tragen von Handschuhen keinen Vorteil gegenüber normalem Händewaschen bringt. Sind die Handschuhe nicht ausreichend verschlossen oder wird die Außenseite vor dem Anziehen mit den Händen berührt, kann das Tragen von Handschuhen sogar einen Nachteil bergen.

Denn wie bereits in 1.3 erwähnt, töten Handschuhe keine Bakterien ab, sondern verhindern primär nur das Übertragen von Keimen von den Händen auf die Ware. Wie ebenfalls bereits zuvor angemerkt, kann der menschliche Körper auch alle Arten von Keimen abtöten. So werden zum Beispiel viele Bakterien auf der Haut durch den Säureschutzmantel der Haut zersetzt. Diese Unterstützung durch den Körper fällt bei den Handschuhen gänzlich weg. Zusätzlich zu beachten sind weiterhin auch die Sonderfälle in der zweiten Versuchsreihe.

In jeder Pause gab es eine bis zwei Personen, welche, ohne sich die Hände zu waschen oder sie zu desinfizieren, nach ihrer Schicht weniger Keime aufwiesen als direkt nach der Handreinigung. Da es in der zweiten Pause die Person war, welche nur mit Geld in Berührung gekommen war, war eine Übertragung auf die Lebensmittel ausgeschlossen. Bei Anwendung des dargestellten Grundlagenwissens zu Bakterien, muss man zu der Annahme gelangen, dass es im Kiosk einen Stoff gibt, welcher direkt einen Zellbestanteil, zum Beispiel die Zellmembran, angreift oder der zu einer Denaturierung von Bakterienproteinen führt. Da in dem Kiosk weder Alkohol ausgeschenkt noch heiße Ware ausgegeben wird, muss die Ursache in einem anderen Stoff oder in einem anderen physischen Einfluss liegen. Daher gilt hierzu, wie man in der Wissenschaft sagt: „Further research is neccesary".

3.2 Bewertung und Empfehlung:

Nach den hier vorgestellten Ergebnissen zum Thema der Handhygiene im Lebensmittelbereich soll noch einmal die Frage beantwortet werden, welche der beschriebenen Hygienemethoden die vielversprechendste ist und was demzufolge als die beste Hygienemaßnahme für Unternehmen und Kunde angesehen werden kann.

Durch die Versuche hat sich klar gezeigt, dass prinzipiell das Vorgehen nach der Empfehlung des „Bundesinstitut für Berufsbildung" die höchste Chance auf saubere Hände bietet.

Da die Hände dort zweimal gewaschen und anschließend noch desinfiziert werden, werden mit hoher Wahrscheinlichkeit viele Keime abgetötet. Durch das Auftragen einer Creme wird einem Hautschaden vorgebeugt. Auch eine Person, die weder im richtigen Händewaschen noch im angemessenen Desinfizieren geschult wurde oder die die entsprechenden Anweisungen nur oberflächlich befolgt, hat hier die Möglichkeit, die meisten Keime abzutöten.

Die Handschuhe haben in den Versuchen durchschnittlich als Hygienemaßnahme am schlechtesten abgeschnitten. Einige der Personen, welche sich nur die Hände wuschen, hatten zwar ähnlich oder sogar stärker belastete Hände, allerdings kann dem mit einer Unterweisung entgegengewirkt werden. Der Belastung von Handschuhen kann auch mit einer Unterweisung nur schwer entgegengewirkt werden. Es gab es in dieser Versuchsgruppe auch Personen mit sehr sauberen Händen. Das gilt es in der Gesamtbewertung zu berücksichtigen. Das Anziehen von Handschuhen muss ebenso geschult werden wie das Händewaschen oder die Empfehlung des „Bundesinstituts für Berufsbildung". Werden die Handschuhe nicht richtig aufbewahrt oder wird die Außenseite beim Anziehen des Handschuhes berührt, sind diese ebenfalls kontaminiert.

Um einen hygienischen Umgang mit Lebensmitteln zu garantieren, müssten die Handschuhe jedes Mal aus einer frischen Verpackung genommen werden und nach jedem Arbeitsgang gewechselt werden. Dies stellt nicht nur eine Belastung für die Haut, sondern auch einen hohen zeitlichen und finanziellen Aufwand dar.

Die Versuche haben klar gezeigt, dass die Effektivität des Händewaschens von der Gründlichkeit der Verrichtung dieser Tätigkeit durch die jeweilige Person abhängt.

So schaffte es eine Person in der zweiten Versuchsreihe, 100% der Bakterien auf ihrer Hand abzutöten, während eine andere Person in der zweiten Versuchsreihe direkt nach dem Händewaschen so viele Bakterien auf der Hand hatte, dass sich auf dem Nährboden 53 Kolonien entwickeln konnten. Der erste Fall zeigt, dass das Händewaschen, wenn es richtig durchgeführt, wird die effektivste Hygienemaßnahme ist.

Ein Aspekt, der in dieser Forschung bisher unbeachtet geblieben ist, betrifft die Einstellung der jeweiligen Personen. Viele Personen, die Handschuhe anziehen, glauben, es sei damit getan und eine ausreichende Hygiene sei nun gewährleistet. Dasselbe gilt auch für das Desinfizieren. Viele schütten sich ein wenig Desinfektionsmittel über die Hand und glauben, sie müssten nun auf nichts mehr achtgeben. Wenn man den Menschen zeigt, wie schnell sich Bakterien vermehren und wo sie überall zu finden sind, wächst auch die Vorsicht.

In Bezug auf alle gewonnenen Erkenntnisse und unter Beachtung der dargelegten Fakten komme ich zu folgender Empfehlung: Die effektivste Hygienemaßnahme ist gründliches Händewaschen. Daher spreche ich auch die Empfehlung aus, bei dem Pflichtseminar in dem Gesundheitsamt nicht nur über Krankheiten zu informieren, sondern auch das richtige Händewaschen zu lehren. Doch dies ist nur dann anhaltend erfolgreich, wenn sich das Personal dann auch daran hält und sich mehrmals täglich die Hände gründlich wäscht. Ist dies nicht gewährleistet, würde ich dazu raten, dass die Personen sich an die Vorgaben des „Bundesinstitut für Berufsbildung" halten, denn hier ist die Wahrscheinlichkeit, dass die notwendigen hygienischen Standards erreicht werden, höher, auch wenn eine Person die Handreinigung nicht so ernst nimmt.

Handschuhe wiegen Verkäufer und auch Käufer nur in falscher Sicherheit und könnten daher auch eine große Gefahr darstellen. Sollte man sich dennoch dazu entscheiden, Handschuhe einzusetzen, so sollten diese nach jedem Arbeitsschritt gewechselt werden.

Besonders wichtig finde ich, dass alle Personen, welche in irgendeiner Form Kontakt zu Lebensmitteln haben, grob erfahren, was Bakterien eigentlich sind und wie gefährlich sie für den Menschen sein können. Dies leistet das erwähnte Seminar im Gesundheitsamt, weshalb es auch weiterhin Pflicht bleiben sollte.

Nun zum Ende meiner Facharbeit könnte man die Frage erneut aufgreifen, ob dieser ganze „Hygienewahn" eigentlich gerechtfertigt ist.

4.Anhang

4.1. HACCP

Was bedeutet HACCP?

HACCP ist eine Abkürzung für „Hazard Analysis Critical Control Point" und heißt übersetzt „Risiko-Analyse Kritischer Kontroll-Punkte"[5]. Aus diesem Titel lassen sich nur wenige Informationen ziehen. Im Endeffekt besagt das HACCP nur, dass jedes Unternehmen, das mit Lebensmitteln zu tun hat, ein Konzept zur Sicherstellung der Hygiene im eigenen Betrieb haben muss[2]. Dieses Konzept muss mögliche Gefahren der Infektion erkennen (wie z.B. das Befallen von Fleisch durch Salmonellen) und eine mögliche Vermeidung vorschlagen (z.B. die kühle Lagerung von Fleisch)[2]. Dieses Konzept muss auf Anfrage der Lebensmittelbehörde vorlegbar und bei der unangekündigten Überprüfung des Unternehmens auch klar erkennbar sein. Diese Überprüfungen finden jährlich statt[2].

4.1.1 Phasen des Bakterienwachstums

Diese Phasen spiegeln nicht die einzelnen Bereiche der Teilung wieder, sondern vielmehr einen Gesamtzusammenhang – sie geben eigentlich die „Lebensabschnitte" der Bakterien wieder. In der Anlaufphase „prüfen" die Bakterien mittels außenliegenden Rezeptoren ihre Umgebung auf Nährstoffe. Dann „entscheiden" die Bakterien, ob eine Teilung durchgeführt wird. Jede Bakterienart ist auf unterschiedliche Nährstoffe angewiesen, weshalb sie auch unterschiedliche Nährböden bevorzugen. Die eigentliche Teilung findet in der Exponentiellen Phase statt, da sich die Bakterien in dieser Phase exponentiell vermehren. Da sowohl die Nährboden als auch der Raum begrenzt sind, wird die Zahl der absterbenden und neu gebildeten Bakterien aufeinander abgestimmt, sodass in der Stationären Phase die Zahl der Bakterien konstant bleibt. Ist der Nährboden aufgebraucht, kommt es zur letzten Phase, der Absterbephase. Die Zahl der Bakterien sinkt nun kontinuierlich, bis alle Bakterien abgestorben sind[13].

4.1.2 Sporen

Einige Bakterien, vorwiegend die grampositiven Bakterien[12], bedienen sich auch der Vermehrung durch Endosporen[15] oder Exosporen[16] (diese Bezeichnungen beziehen sich darauf, ob die Sporen innerhalb oder außerhalb der Organismen verteilt werden). Die Sporen können hunderte Jahre ohne Nährstoffe, bei extremen Temperaturen und trotz Desinfektionen ohne Schaden überleben. Sind nun die Bedingungen wieder ideal, beginnen die Sporen erneut mit der aktiven Produktion von Bakterien. In den meisten Fällen, wird dieser Vorgang jedoch eher zum Schutz, da Bakterien so in gefährlichen Umgebungen fortbestehen können als zur Vermehrung verwendet[53].

4.1.3 Kategorisierung von Bakterien

Der Bakteriologe Hans Christian Gram entdeckte, dass sich einige Bakterien mit bestimmten Farbstoffen färben lassen, während andere farblos bleiben. Dies führte zur Unterscheidung zwischen gram-positiven und gram-negativen Bakterien.[17]

Eine weitere Untergliederung kann aufgrund der äußeren Form vorgenommen werden.so werden Bakterien, die eine runde Form haben, den Kokken zugeordnet. Es können dabei auch mehrere Kokken aneinander hängen und so zum Beispiel Streptokokken bilden[28].

Sind die Bakterien länglich geformt, werden sie zu den Stäbchen (Bazillen) gezählt. Ähnlich wie die Kokken[14] können sich auch die Bazillen aneinander binden und einen Komplex bilden (so zum Beispiel die Filamente). Bei einer solchen Bindung kommt es häufig zur Ausprägung verschiedener Untereinheiten wie z.b. der der Fruchtkörper[28].

Zu einer dritten Kategorie gehören die schraubenförmigen Bakterien oder Spirillen. Im Gegensatz zu den Kokken können Bazillen und Spirillen sogenannte „Geißeln" bilden, was ihnen eine schnellere und gezieltere Fortbewegung ermöglicht[26].

Eine weitere Eigenschaft, die der Unterscheidung verschiedener Bakterien dient, ist die Benötigung von Sauerstoff. Sogenannte aerobe Bakterien brauchen zum Überleben und für jeden in ihnen stattfindenden Prozess Sauerstoff, während anaerobe Bakterien gänzlich ohne Sauerstoff für ihren Stoffwechsel[19].leben können.

4.1.4 Stoffwechsel von Bakterien

Zunächst sei erwähnt, dass nach dem „Prinzip der Einheit" die Stoffwechselvorgänge bei allen Zellen prinzipiell gleich verlaufen, daher unterschieden sich Bakterien nicht essentiell von Eukaryoten[27].

Der Stoffwechsel von Bakterien kann in zwei Bereiche unterteilt werden. In der katabolen Reaktion geht es um die Produktion von Energie, während es in der anabolen Reaktion um die Synthetisierung organischer Moleküle geht[28].

Beginnen wir zunächst mit der katabolen Reaktion. Wie bereits erwähnt, benötigen Bakterien ein Nährmedium - auch Substrat genannt -, um zu überleben. Der erste Schritt des Stoffwechsels, die Verdauung, geschieht außerhalb des Bakteriums. Sogenannte Exoenzyme zersetzen die Substrate in kleinere Moleküle[28].

Dies ist bereits die erste Stelle, bei welcher dem Menschen Schaden zugefügt werden kann. Die Exoenzyme zersetzen nämlich nicht nur Substrate, sondern auch andere Stoffe oder Proteine, welche für den Menschen ausgesprochen wichtig seien können.

Die zersetzten Substrate kommen nun durch freie Diffusion oder aktiven Transport in das Innere des Bakteriums. Dort werden Carboxyl- und Aminogruppen abgespalten, um die Oxidation einzuleiten. Bei der Oxidation unterscheidet man zwischen Atmung (Respiration) und Gärung (Fermentation). Da bei der Respiration O_2 vorhanden ist, ist die Energieausbeute um ein 10-faches höher als bei der Fermentation. In diesem Prozess werden allerdings nur die Elektronen (e^-) und die Protonen (H^+-Ionen) benötigt. Alles andere wird als „Abfall" an die Umgebung abgegeben[28].

Bei diesem Abfall handelt es sich um die Toxine, welche im menschlichen Körper einigen Schaden anrichten können[28].

4.1.5 Beispiele für Bakterientoxine und ihre Wirkung auf den Menschen

Ein solches Toxin ist uns nicht nur bekannt, sondern es wird sogar in der Schönheitsmedizin eingesetzt. Das Gift Botulinumtoxin[30], besser bekannt als Botox, wird von den Bakterien Clostridium botulinum in konserviertem Fleisch, Bohnen und Fisch produziert. Bei Botulimuntoxin handelt es sich um eines der stärksten bekannten Gifte. Bereits 0,003 mg im Blut wirken tödlich. Es schädigt die Synapsen und verhindert das Weiterleiten von Aktionspotentialen, wodurch eine Lähmung entsteht. Dies zeigt jedoch auch, dass einige schädliche Toxine durchaus einen Nutzen für den Menschen bergen können. Einige Lactobacillales[31] (Milchsäurebakterien) produzieren als Abfallprodukt Ethanol[29].

Dies hat jedoch auch eine Nebenwirkung: Hat der Ethanol-Gehalt in der Umgebung 15 % erreicht, beginnen die Milchsäurebakterien an ihrem eigenen Abfallprodukt zu sterben. Ethanol ist aber nur über längere Zeit konsumiert ein Problem, weshalb die Milchsäurebakterien relativ ungefährlich für den Menschen. Sie lösen keine Krankheiten aus.

Das am meisten verbreitete Bakterium ist mit 1,9 Millionen bekannten Krankheitsfällen in den USA binnen einen Jahres das Campylobacter jejuni[32]. Es ist noch vor den Salmonellen der häufigste Auslöser für Darmprobleme. Das Toxin der Campylobacter jejuni ist ein dem Choleratoxin[23] verwandtes Gift.

Das Toxin greift in die Umwandlung von GTP zu GDP ein und verursacht somit eine Überproduktion der Darmproduktion. Diese Gifte werden als Exotoxine bezeichnet, da sie von den Bakterien an ihre Umwelt abgegeben werden. Jedoch können Bakterien dem Menschen auch durch Endotoxine[21] schaden.

Endotoxine werden nicht abgegeben, sondern sind häufig in die Membran des Bakteriums eingebaut. Diese Gifte bilden das O-Antigen[33], welches auf der Membran sitzt und das Bakterium von anderen Bakterien unterscheidbar macht. Dieses Toxin kann dem Körper auf zwei Arten schaden: Entweder das Bakterium kommt in Kontakt mit einer anderen Zelle bzw. der Schleimhaut oder, und das ist der häufigere Fall, das Endotoxin wird bei der Zersetzung, Zerteilung oder Vernichtung eines Bakteriums an die Umgebung abgegeben[33] [18]. Die uns wohl bekanntesten Bakterien mit Endotoxinen sind die Salmonellen[20]. Diese besitzen das Endotoxin Lipopolysaccharide[22], welches auf den Körper eine ähnliche Wirkung wie das bereits bei den Campylobacter jejuni beschriebene Choleratoxin[23] hat.

4.1.6 Vergleich von Händewaschen und Desinfizieren in der bisherigen Forschung

Wissenschaftler des „American Journal of infection control" stellten in einer Studie in mehreren Altenheimen fest, dass Händewaschen effektiver ist als sich die Hände zu desinfizieren[39]. Dieser Ansatz wurde durch eine Studie der Universität Regensburg unterstützt, welche nachwies, dass nach 30 Sekunden Händewaschen nahezu 100 % der Bakterien von den Händen gespült wurden. Die Theorie dazu beruht auf verschiedenen Aspekten. So haben viele Bakterienarten eine fetthaltige Hülle um ihre Membran, was sie besonders für den lyophilen Pol der Seife anfällig macht. Ein weiterer wichtiger Unterschied ist, dass Desinfektionsmittel zwar die Bakterien auf der Haut abtöten, jedoch den Schmutz, welcher als Nährboden für die Bakterien dient, unversehrt lassen. So können sich in wenigen Minuten neue Bakterien bilden. Daher empfehlen Forscher und Ärzte eine Seife mit einem desinfizierenden Zusatz[39].

4.1.7 Beschreibung der Versuche der „Bundesgenossenschaft Handel und Warendistribution"

Der einzige Unterschied zwischen dem Händewaschen und dem Handschuhtragen, der sich im ersten Versuch dieser Forschung ergab, war der zwischen einer handschuhtragenden Probandin, die über den gesamten Versuchszeitraum dieselben Handschuhe trug, und denen, die die Handschuhe regelmäßig wechselten: Diese Probandin wies eine deutlich höhere Bakterienbelastung als die anderen auf.

Im zweiten Versuch war überprüft worden, ob und wie sehr sich Bakterien auf den Händen bzw. auf den Handschuhaußenseiten auf die Waren übertragen. Im Zuge dieser Untersuchung sollte auch die Art der Bakterien, welche sich auf den Händen bzw. Handschuhen befinden, ermittelt werden. Der Versuchszeitraum wurde auf 60 Minuten verkürzt, da dies einem realen Arbeitszeitraum gleicht. Die Versuchspersonen sollten dieselben Tätigkeiten wie beim ersten Versuch durchführen und zusätzlich nach den 60 Minuten Geld berühren, um so zu überprüfen, ob das Berühren von Geld eine Veränderung der Keimbelastung bewirkt. Des Weiteren wurden Wurstattrappen angefertigt, welche von den Verkäuferinnen mehrfach berührt wurden. Diese Attrappen wurden eingesetzt, da alle Frischwahren eine natürliche Belastung mit Bakterien aufweisen und man die Übertragung von Bakterien auf eine Ware untersuchen wollte, die nicht selbst schon bakterienbesetzt ist. So wurde bei den Attrappen die natürliche Bakterienbelastung ausgeschaltet. Sowohl von den Handoberflächen, den Handschuhausenseiten und den Wurstattrappen wurden Proben auf Nährboden übertragen, um die Belastung mit Bakterien zu untersuchen. Bei diesem Versuch ging es primär darum, wie stark die Verkäuferinnen ihre Bakterien auf die Ware übertragen und sekundär, um welche Bakterien es dabei handelt. Das Ergebnis zeigte zunächst, dass es einen großen Unterschied der natürlichen Belastung von Keimen auf der Haut zwischen den verschiedenen Probandinnen gibt. Dieser Unterschied der Keimbelastung zeigte sich über den gesamten Versuch Zeitraum vor allem bei den Probandinnen aus, welche sich den Versuchsbedingungen entsprechend die Hände wuschen. Zudem wurde festgestellt, dass das Berühren von Geld auf saubere Hände einen enormen Einfluss hat, während es bei bereits befallenen Händen wenig Auswirkung zeigt. Des Weiteren wurde gezeigt, dass die Bakterien auf den Oberflächen (sowohl Hand als auch Handschuh) dieselben sind wie die Bakterien der Frischwaren und daher offenbar von den Waren selbst stammen. Auf den Attrappen wurden dieselben Bakterien wie auf den Oberflächen von Hand und Handschuh festgestellt, was für eine Übertragung auf die Warenattrappen spricht.

In diesem Versuch wies die „Berufsgenossenschaft Handel und Warendistribution" nach, dass das Tragen von Einmalhandschuhen keinen Vorteil gegenüber dem gründlichen Händewaschen bringt. Durch diesen Versuch konnte die „Berufsgenossenschaft Handel und Warendistribution" zudem auch nachweisen, dass die Keime auf den Händen bzw. Handschuhen von der Ware stammen und somit kein hygienisches Risiko darstellen.

Da ständiges Händewaschen jedoch eine Belastung für die Haut darstellt, welche mit einer Handcreme behandelt werden muss, wurde die Auswirkung von Handcremes auf die Bakterienbelastung bzw. das Bakterienwachstum getestet.

Die Versuchszeiträume und die Tätigkeiten blieben dieselben wie bei dem zweiten Versuch. Dieser dritte Versuch zeigte, dass sich eine Handcreme, auch eine mit angeblich desinfizierenden Stoffen, weder positiv noch negativ auf die Bakterienbelastung der Handoberflächen auswirkt. Daher kann sich das Personal an Frischetheken die Händewaschen und Handcremes zum Schutz der Haut verwenden, ohne die Keimbelastung auf den Händen zu erhöhen.

4.2.1 Tabelle 1

Diese Tabelle enthält die gesammelten Informationen während des Versuches. In den einzelnen Spalten ist zu finden, um welchen Probanden es sich handelt, zu welchen Zeitpunkt die Probe genommen wurde, wie lange der Versuchs Zeitraum für den jeweiligen Probanden war, die Anzahl der Kolonien, die verschiedenen Formen der Kolonien, die Farben der Kolonien und ob es irgendwelche Anmerkungen zu der Probe gibt.

Versuch	Uhrzeit	Versuch Zeitraum	Kolonien Anzahl	Form	Farbe	Anmerkung
Empfohlene Handreinigung des BfB 1	08:12	4 Std. 17 Min.	16	16 Kleine Runde Kreise welche einen klaren Rand haben Einige der Kolonien sind miteinander Verwachsen Sie haben eine glatte	6 Weiße 7 Gelblich 3 Gelbe	

35

				Oberfläche		
	12:29		12	6 kleinere Kreise mit einem klaren Rand 5 winzige Punkte mit einem klaren Rand 1 sich über die gesamte Fläche des Nährboden ausbreitender Flaum mit rauer Oberfläche	11 weiß 1 leicht gräulicher Flaum	
Empfohlene Handreinigung des BfB 2	08:13	4 Std. 18 Min.	2	2 mittelgroße Kreise mit klarem Rand und flacher Oberfläche	1 weißer Kreis 1 gelber Kreis	Machte ein Praktikum im Krankenhaus, wo der Person gründliches desinfizieren gelehrt wurde
	12:31		1	1 kleiner Punkt mit klarem Rand und glatter Oberfläche	1 weißer Kreis	
Handreinigung mit Seife 1	08:09	4 Std. 10 Min.	7	6 kleine Kreise mit klaren Rand und glatter Oberfläche 1 unförmige Kultur mit einer kleinen rauen	2 weiß 4 gelb 1 grünlicher Schein	

36

					Fläche in der Mitte		
	12:19		134		120 kleine Kreise mit klarem Rand und glatter Oberfläche Einige Kolonien sind miteinander verwachsen 4 unförmige Kolonien mit rauer Oberfläche 2 sehr große Flächen mit unförmigem Rand und glatter Oberfläche 1 mittlere Fläche mit unförmigem Rand und glatter Oberfläche 3 große Kreise mit klarem Rand und glatter Oberfläche	108 Gelb 3 grünlicher Schimmer 3 gelblich 4 weißer Flaum 16 weiß	Person zählte am Ende Geld
Handreinigung mit Seife 2	08:10	4 Std. 10 Min.	10	50	15 kleine Kreise mit klarem	1 Gelb 15 Gelblich	

				Rand und glatter Oberfläche 6 mittlere Kreise mit klarem Rand und glatter Oberfläche 9 große Kreise unförmigem Rand und glatter Oberfläche 1 sehr großer Kreis mit klarem Rand und glatter Oberfläche 19 große Kulturen welche miteinander verwachsen sind und einen unförmigen Rand haben	16 weiß 18 grünlicher Schimmer	
	12:20		15	7 große Kreise mit rauem Rand und glatter Oberfläche 2 kleine Punkte mit klarem Rand und	5 Gelbe 8 Weiße 2 grünliche	

				glatter Oberfläche 6 kleine Kreise mit klarem Rand und glatter Oberfläche wobei zwei Kulturen mit einer anderen Kultur verwachsen sind		
Handschuhe 1	08:11	4 Std. 6 Min.	12	6 mittel große Kreise mit klarem Rand und glatter Oberfläche wobei zwei Kulturen miteinander verwachsen sind 3 kleine Punkte mit klarem Rand und glatter Oberfläche 1 großer Kreis mit klarem Rand und glatter Oberfläche 2 große	4 Gelbe 3 Weiße 5 Grünlicher Schimmer	

				unförmige Flächen, welche eine raue Oberfläche haben, welche aus mehreren kleinen Kulturen zu bestehen scheinen Ihrer Ränder sind unförmig		
	12:17		165	40 kleine Kreise mit klarem Rand und glatter Oberfläche 125 kleine Punkte mit klarem Rand und glatter Oberfläche	165 weiß	Person zählte am Ende Geld
Handschuhe 2	08:29	3 Std. 45 Min.	13	6 mittlere Kreise mit klarem Rand und glatter Oberfläche 5 Kulturen welche miteinander verwachsen sind und einen unförmigen Rand haben	7 Gelbe 6 Weiße	

				Ihre Oberfläche ist glatt 2 unförmige Flächen welche aus mehreren Kulturen zu bestehen scheint mit rauer Oberfläche		

	12:16		48	40 kleine Punkte mit klarem Rand und glatter Oberfläche 4 dünne Flächen mit klarem Rand und glatter Oberfläche 3 kleine Kreise mit unförmigem Rand und glatter Oberfläche 1 große Fläche mit unförmigem Rand und rauer Oberfläche	47 Weiß 1 gräuliche Fläche	
Unbenutzter Handschuh	-		1	1 kleiner Punkt mit klarem Rand und glatter	1 Gelblich	Alle Personen der Untersuchung nahmen ihre

				Oberfläche		Handschuhe aus dem selben Beutel
Ungeöffnete Probe	-		-		-	

4.2.2 Bilder Versuch 1

Eigene Darstellung

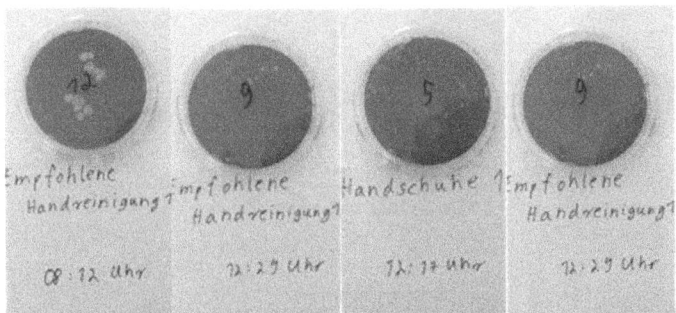

Diese Bilder zeigen die Nährböden, bei denen zu verschiedenen Zeitpunkten Proben von den Probanden genommen wurden.

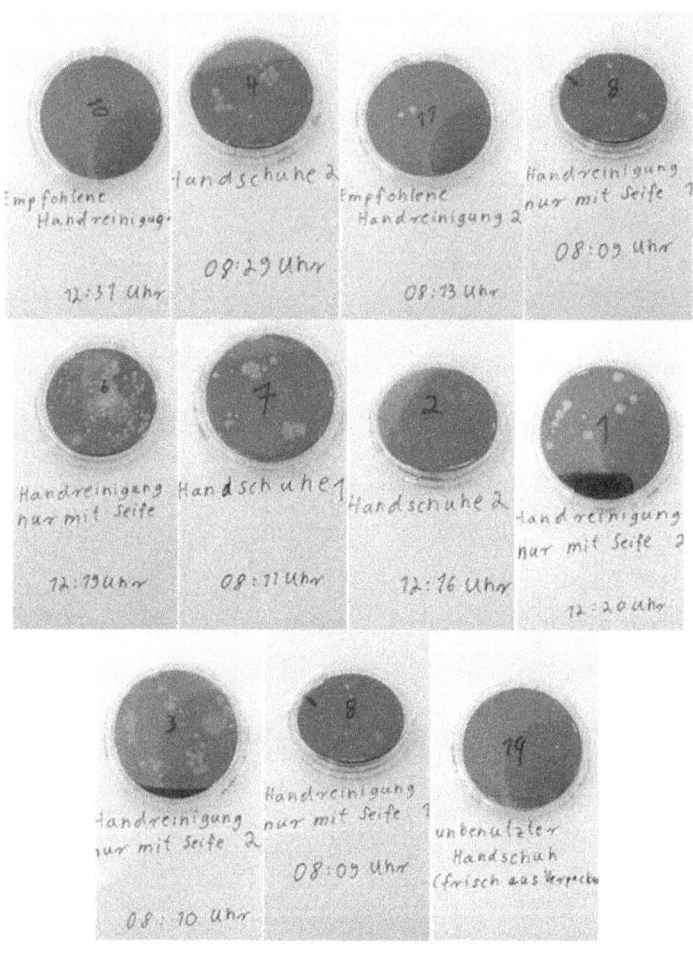

Eigene Darstellung

44

Die nächste Tabelle enthält die gesammelten Informationen während des Versuches. In den einzelnen Spalten ist zu finden, um welchen Probanden es sich handelt, zu welchen Zeitpunkt die Probe genommen wurde, wie lange der Versuchs Zeitraum für den jeweiligen Probanden war, die Anzahl der Kolonien, die verschiedenen Formen der Kolonien, die Farben der Kolonien und ob es irgendwelche Anmerkungen zu der Probe gibt.

4.2.3. Tabelle 2

Versuch	Uhrzeit	Versuch Zeitraum	Kolonien Anzahl	Form		Farbe	Anmerkung	
Handreinigung mit Seife 1	11:31	16 Min.	53	1 sehr großes Oval mit klarem Rand und glatter Oberfläche 1 mittelgroße Kolonie mit unförmigem Rand und sehr rauer Oberfläche 30 kleine Kreise mit klarem Rand und glatter Oberfläche 15 mittelgroße Kreise mit klarem Rand und glatter Oberfläche 4 mittelgroße Kolonien welche aus mehreren kleinen Kolonien zu bestehen scheinen mit rauem Rand		22 Weiß 5 Grünlich 21 mit leicht weißem Schimmer 3 Gelbe 2 Braun		

45

				2 große Kreise mit unklarem Rand und glatter Oberfläche		
	11:47		60	5 kleinere Kreise mit klarem Rand und glatter Oberfläche 13 große Kreise mit unklarem Rand und glatter Oberfläche 3 sehr große Kolonien mit einer rauen Oberfläche und sehr unklarem Rand 29 winzige Kreise mit klarem Rand und glatter Oberfläche 1 große Kolonie mit einem rauen Kern aber einer glatten Oberfläche und einem rauen Rand 9 mittelgroße Kolonien mit unklarem Rand und rauer Oberfläche	1 Braun 1 zur Hälfte weiß und zur Hälfte braun 43 weiß mit leicht grünem Schimmer 15 weiß mit gelblichem Schimmer	Geld
Handreinigung mit Seife 2	09:41	16 Min.	0	-	-	
	09:57		10	1 mittelgroße Kolonie mit sehr unklarem Rand und rauer Oberfläche 1 große Kolonie welche aus vielen	1 weiß 7 weiß mit grünlichem Schimmer 1 gelb 1 grün	

46

				kleinen Kolonien zusammengewachsen scheint und eine sehr raue Oberfläche und einen rauen Rand hat 3 mittelgroße Kreise mit klarem Rand und glatter Oberfläche 1 mittelgroßer Kreis mit glattem Rand und eine klarem Rand welcher jedoch an einer Stelle eingebuchtet ist 3 winzige Kreise mit klarem Rand und glatter Oberfläche 1 großer Kreis mit unklarem Rand und glatter Oberfläche		
Handreinigung mit Seife 3	09:41	15 Min.	38	1 große Kolonie mit unklarem Rand und sehr rauer Oberfläche 8 kleine Kreise mit klarem Rand und glatter Oberfläche 6 Kulturen welche sehr unförmig sind und eine glatte Oberfläche haben 1 kleine Kolonie	3 Braun 10 grünlicher Schimmer 4 Gelb 14 Weiß 7 weiß mit gelblichem Schimmer	

			mit sehr unklarem Rand einer rauen Oberfläche 11 sehr kleine Kolonie mit sehr unklarem Rand einer rauen Oberfläche 1 kleine Kreise Kolonie mit klarem Rand und glatter Oberfläche 8 mittelgroße Kolonien mit unklarem Rand und glatter Oberfläche 2 mittelgroße sehr unförmige Kolonien mit glatter Oberfläche		
	09:56		14	1 große Kolonie welche sich flaumartig ausbreitet und eine raue Oberfläche hat 4 mittelgroße Kreise mit klarem Rand und glatter	6 Gelb 4 Weiß 4 Beige	Geld

				Oberfläche		
				5 mittlere Kreise mit klarem Rand und glatter Oberfläche		
				4 kleine Kreise mit klarem Rand und glatter Oberfläche		
Handreinigung mit Seife 4	09:46	11 Min.	13	4 Kreise mit unklarem Rand und glatter Oberfläche 1 große sehr unförmige Kolonie mit glatter Oberfläche 1 sehr große sehr unförmige Kolonie mit glatter Oberfläche 4 mittlere Kolonien mit klarem Rand und glatter Oberfläche 2 kleine Kreise mit klarem Rand und glatter Oberfläche 1 mittelgroße Kolonie mit	7 Weiß 2 Gelb 1 Braun 1 sehr schwach weiß 2 weiß mit gelblichem Schimmer	

				unklarem Rand und rauer Oberfläche		
	09:57		13	7 mittelgroße Kreise mit klarem Rand und glatter Oberfläche 2 sehr kleine Punkte mit klarem Rand und glatter Oberfläche 3 mittelgroße Kreise mit unklarem Rand und glatter Oberfläche 1 großer Kreis mit klarem Rand und glatter Oberfläche	9 Weiß 1 Grünlich 2 Gelb 1weiß mit gelblichem Schimmer	Person hat sich trotz Anweisung nach Arbeit die Hände gewaschen
Handschuhe 1	11:30	18 Min.	16	6 mittlere Kreise mit klarem Rand und glatter Oberfläche 6 mittlere Kreise mit einem dünnen Hof und glatter Oberfläche 1 winziger punkt	7 Weiß 9 weiß mit grünlichem Schimmer	

50

				mit klarem Rand und glatter Oberfläche 3 große Kolonien mit sehr unklarem Rand und rauer Oberfläche		
	11:48		9	5 winzige Punkte mit klarem Rand und glatter Oberfläche 3 besonders große Flächen welche den Großteil des Nährbodens ausfüllen und einen unklaren Rand besitzen ihre Oberfläche ist rau 1 etwas kleinere Fläche welche nur an dem Rand zu finden ist und aus einer Kolonie auszulaufen scheint	5 weiß 4 Braun	

Handschuhe 2	11:32	16 Min.	40	11 mittelgroße Kreise mit klarem Rand und glatter Oberfläche 21 mittlere Kreise welche miteinander verschmolzen sind und so keinen klaren Rand bilden, mit glatter Oberfläche 2 kleine Punkte mit unklarem Rand und glatter Oberfläche 4 mittelgroße Kreise mit unklarem Rand und glatter Oberfläche 2 kleine Kreise mit klarem Rand und glatter Oberfläche	24 Weiß 7 Weiß mit grünlichem Schimmer 3 Gelb 6 Weiß mit gelblichem Schimmer	
	11:48		51	1 sehr große Fläche mit rauem Rand und rauer Oberfläche 1 große Fläche mit sehr unklarem Rand rauer Oberfläche	1 Braun 8 Gelb 5 Weiß 37 Weiß mit gelblichem Schimmer	

				2 Flächen mit unklarem Rand und glatter Oberfläche 8 kleine Kreise mit klarem Rand und glatter Oberfläche 39 kleine Punkte mit klarem Rand und glatter Oberfläche		
Empfohlene Handreinigung des BfB 1	11:26	10 Min.	2	1 mittelgroßer Kreis mit klarem Rand und glatter Oberfläche 1 mittelgroßer Kreis mit unklarem Rand und glatter Oberfläche	2 Weiß	
	11:46		8	1 Flächen mit unklarem Rand und sehr rauer Oberfläche 1 Fläche mit unklarem Rand und glatter Oberfläche 2 kleine Kreise mit unklarem Rand und glatter	3 Braun 1 weiß mit gelblichem Schimmer 4 Weiß mit grünlichem Schimmer	Geld

53

				Oberfläche		
				2 mittelgroße Kreise mit klarem Rand und glatter Oberfläche		
				1 großer Kreis mit unklarem Rand und glatter Oberfläche		
				1 kleine flaumartige Kolonie mit rauer Oberfläche		
Empfohlene Handreinigung des BfB2	11:27	19 Min.	18	1 große Fläche mit unklarem Rand und glatter Oberfläche	14 Weiß	
				5 mittelgroße Kreise mit klarem Rand und glatter Oberfläche	3 Gelb	
				10 kleine Kreise von denen einige miteinander verwachsen sind mit glatter Oberfläche	1 Weiß mit grünlichem Schimmer	
				2 kleine Punkt mit klarem Rand und glatter Oberfläche		
	11:46		6	1 besonders große Fläche welche ¼ des Nährbodens bedeckt mit glatter	3 Braun	
					1 Weiß	
					2 weiß mit gelblichem	

				Oberfläche 1 große Kolonie mit unklarem Rand und rauer Oberfläche 2 kleine Punkte mit klarem Rand und glatter Oberfläche 2 kleine Kreise mit klarem Rand und glatter Oberfläche	Schimmer	
Empfohlene Handreinigung des BfB 3	11:29	18 Min.	24	8 mittlere Kreise welche miteinander verwachsen sind und eine glatte Oberfläche haben 10 kleine Kreise welche miteinander verwachsen sind und eine glatte Oberfläche haben 1 mittelgroßen Kreis welcher eine Hof hat und eine Punkt in der Mitte, jedoch auch von einem durchsichtigen Ring umgeben ist 4 mittlere Kreise	9 Gelb 1 Weiß 10 weiß mit grünlichem Schimmer 1 Braun 1 Weiß bis durchsichtig 2 Weiß mit gelbem Schimmer	

				mit klarem Rand und glatter Oberfläche 1 winziger Punkt mit klarem Rand und glatter Oberfläche		
	11:47		14	1 sehr große Fläche welche von einem Kern auszustrahlen Scheint mit rauer Oberfläche 6 kleine Kreise mit unklarem Rand und glatter Oberfläche 3 kleine Punkte mit klarem Rand und glatter Oberfläche 4 mittlere Kreise mit unklarem Rand und glatter Oberfläche	1 Braun 8 Gelb 3 Weiß 1 Braun mit sehr starkem grünen Anteil	
Ungeöffnete Probe	-		-		-	-

5. Vergleich der einzelnen Versuchspersonen

5.1. Vergleich zwischen W1 aus Pause 1 und W2, W3 und W4 aus Pause 2

Die Probanden, welche sich nach eigenem Ermessen die Hände wuschen, wiesen die stärksten Unterschiede untereinander auf. Bei W2 waren direkt nach dem Händewaschen, zu Beginn der Arbeit keine Keime mehr nachweisbar, während bei W1 53 Kolonien entstanden waren. Letzter ist auch im Vergleich zu den anderen Probanden W3 (38) und W4 (13) aus Pause 2 viel. Bei W1 und W2 war eine Steigerung der Keimbelastung nach der Schicht zu erkennen. So waren bei W1 um 11:31 Uhr noch 53 und nach der Arbeit um 11:47 60 Kolonien vorzufinden. Bei W2 fand eine Steigerung von 0 auf 10 Kolonien statt. Anders ist das bei W3 und W4. Während es bei W4 zu Beginn und nach der Arbeit zu 13 Kolonien kam, kam es bei W3 sogar zu einer Verminderung von 38 auf 14 Kolonien. Die Verminderung der Keime bei W3 ist insofern verwunderlich, da W3 während seiner Schicht das Geld annahm und ausgab.

5.2. Vergleich zwischen H1 und H2 aus Pause 2

Auch bei den Handschuhen gibt es einen bemerkenswerten Unterschied zwischen der Keimbelastung direkt nach dem Anziehen der Handschuhe. So weist H2 um 11:32 Uhr bei Arbeitsbeginn bereits eine Belastung von 40 Kolonien auf, während H1 lediglich 16 Kolonien aufweist. Da beide Versuchspersonen ihre Handschuhe aus demselben Gefäß genommen haben, bedeutet dies entweder eine starke natürliche unterschiedliche Belastung der Handschuhe oder dass die Personen im Anziehen von Handschuhen nicht geschult wurden und so eine unterschiedliche Keimbelastung entstand. Auch bei H1 kam es, ähnlich wie bei W3, zu einer Verminderung der Bakterien auf der Handschuhausenseiten. Sie sank von 16 um 11:30 Uhr auf 9 um 11:48 Uhr. Da diese Person mit Brötchen und anderen Frischwaren zu tun hatte, ist eine Übertragung auf die Ware durchaus denkbar. Bei H2 kam es zu einer Steigung von 40 auf 51 Kolonien.

5.3. Vergleich zwischen B1, B2 und B3 aus Pause 3

Wie bei den beiden anderen Versuchen ist auch hier sowohl vor als auch nach der Arbeit ein klarer Unterschied zwischen den Versuchspersonen zuerkennen. So wies B1 zu Beginn der Schicht und direkt nach der Handreinigung nur 2 Bakterienkolonien auf, während sich bei B2 18 und bei B3 sogar 24 Kolonien bildeten.

Auch beim letzten Versuch kam es wieder zu Verminderungen der Bakterienanzahl nach der Schicht, dieses Mal sogar bei zwei Versuchspersonen B2 und B3. Nur bei B1 kam es zu einer Steigerung von 2 auf 8 Kolonien. Bei B2 sank die Zahl der Bakterien von 18 am Anfang auf 6 Kolonien am Ende und bei B3 von 24 auf 14.

5.4. Bilder Versuch 2

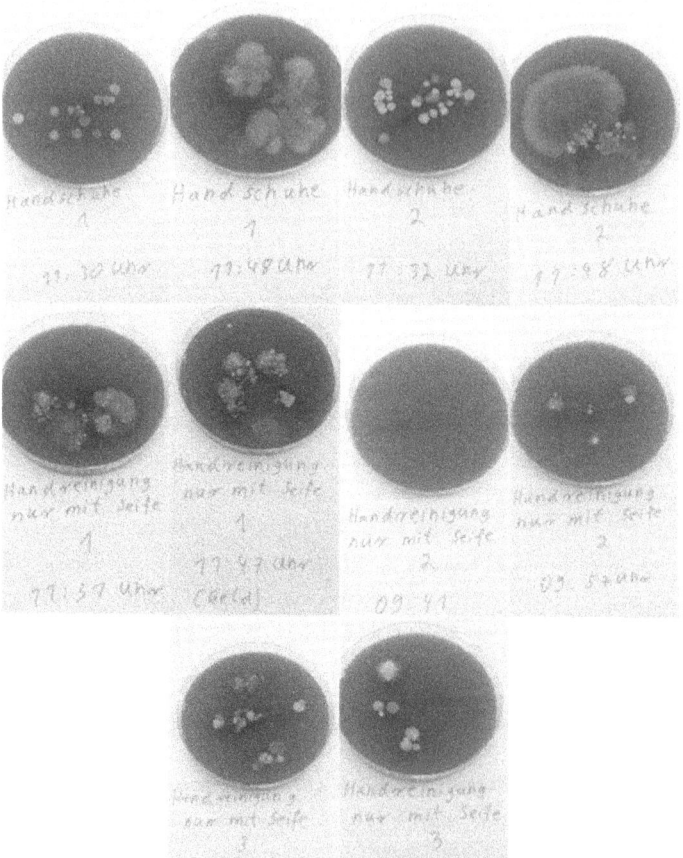

Eigene Darstellung

6. Quellenverzeichnis

Bilder

http://www.chemie.gymnasium-edenkoben.de/images/logo_klein.jpg

http://i.onmeda.de/relaunch/salmonellen_rem-580x435.jpg

Rechtliche Grundlagen

1) Mitarbeiter des Gesundheitsamts Neustadt Neumayerstraße 10 67433 Neustadt an der Weinstraß

2) Aussagen nach Hygienekontrolleueren

3) http://www.gesetze-im-internet.de/bundesrecht/ifsg/gesamt.pdf

4) https://www.juris.de/purl/gesetze/_ges/LMHV

5) https://www.ihk-kassel.de/solva_docs/eu_lebensmittelhygiene_haccp_2014.pdf

6) http://eur-lex.europa.eu/legal-content/DE/TXT/?uri=uriserv:f84001

7) http://www.baua.de/cae/servlet/contentblob/666104/publicationFile/56314/TRGS-401.pdf

8) http://www.bfr.bund.de/cm/343/2002_178_de_efsa.pdf

9) https://www.admin.ch/opc/de/classified-compilation/19920257/index.html

Bakterien und ihre Wirkung auf den Menschen

10) http://www.hygiene.bbraun.de/cps/rde/xchg/om-hygiene-de-de/hs.xsl/7325.html

11) http://de.wikibooks.org/wiki/Medizinische_Mikrobiologie:_Allgemeine_Bakteriologie

12) http://www.spektrum.de/lexikon/biologie-kompakt/bakterien/1189

13) http://de.wikipedia.org/wiki/Bakterielles_Wachstum

14) http://de.wikipedia.org/wiki/Kokken

15) http://de.wikipedia.org/wiki/Endospore

16) http://www.spektrum.de/lexikon/biologie-kompakt/bakteriensporen/1202

17) http://de.wikipedia.org/wiki/Systematik_der_Bakterien

18) http://www.spektrum.de/lexikon/biologie-kompakt/bakterientoxine/1203

19) http://www.helpster.de/aerobe-und-anaerobe-bakterien-informatives_195242

20) http://de.wikipedia.org/wiki/Salmonellen

21) http://de.wikipedia.org/wiki/Endotoxin

22) http://www.medizin.de/ratgeber/salmonellen.html

23) https://books.google.de/books?id=fpahBgAAQBAJ&pg=PA46&lpg=PA46&dq=campylobacter+j
    ejuni+choleratoxin&source=bl&ots=FF6Jsc6T0A&sig=xn5tPNWelZLwY3kinMqjISd3uls&hl=de
    &sa=X&ei=b88aVdPeKYP6PL2ogeAH&ved=0CFsQ6AEwBw#v=onepage&q=campylobacter%
    20jejuni%20choleratoxin&f=false

24) http://www.doccheck.com/de/document/158-pathophysiologie-des-choleratoxins

25) http://www.spektrum.de/lexikon/biologie/archaebakterien/4739

26) http://www.spektrum.de/lexikon/biologie/bakterien/6844

27) http://bilder.buecher.de/zusatz/00/00569/00569701_lese_1.pdf

28) http://www.google.de/url?sa=t&rct=j&q=&esrc=s&source=web&cd=2&ved=0CCcQFjAB&url=h
    ttp%3A%2F%2Fwww.fgapo.tu-bs.de%2Fdownloads%2Fmibi1.doc&ei=0qGeVfuOLuv5ywP-
    zpuwCg&usg=AFQjCNEiJdIsR5S3TBEftcyL87uCWsQkag&bvm=bv.96952980,d.bGQ

29) https://de.wikipedia.org/wiki/Ethanol

30) https://de.wikipedia.org/wiki/Botulinumtoxin

31) https://de.wikipedia.org/wiki/Milchs%C3%A4urebakterien

32) http://flexikon.doccheck.com/de/Campylobacter_jejuni

33) http://flexikon.doccheck.com/de/Endotoxin

34) https://de.wikipedia.org/wiki/Staphylococcus_aureus

35) http://flexikon.doccheck.com/de/Escherichia_coli

36) http://de.wikipedia.org/wiki/Kompostierung

Die Wirkungsweiße von Hygienemaßnahmen

37) https://de.wikipedia.org/wiki/S%C3%A4ureschutzmantel

38) http://www.mpibpc.mpg.de/151749/Desinfizierende_Wirkung_von_Alkohol

39) http://www.badische-zeitung.de/gesundheit-ernaehrung/haendewaschen-als-bestes-mittel-gegen-
    bakterien-und-viren--56566324.html

40) http://www.dguv.de/fb-psa/Sachgebiete/Sachgebiet-Schutzkleidung/FAQ-zum-Sachgebiet/Wie-
    oft-muss-ich-den-Handschuh-wechseln/index.jsp

41) http://de.wikipedia.org/wiki/Einmalhandschuh

42) http://www.spektrum.de/news/desinfektionsgel-beliebter-als-wasser-und-seife/571292

43) http://flexikon.doccheck.com/de/H%C3%A4ndewaschung

44) http://flexikon.doccheck.com/de/Lipid

45) http://www.bag.admin.ch/influenza/01120/01132/10108/10109/index.html?lang=de

46) http://www.sempermed.com/fileadmin/img/sempermed/content/medical/pdf_datei/Inform_pdfs_7
    5dpi/D/1009_Inform_de_Nr3_01.pdf

47) http://www.lgl.bayern.de/lebensmittel/hygiene/hygienischer_umgang/et_haendehygiene.htm

48) http://www.ernaehrung.de/blog/handschuhe-an-der-bedientheke-wo-ist-hygiene-sinnvoll/

49) http://www.helmholtz-muenchen.de/fileadmin/SCHULLABOR/PDF/Mittelstufe-Mikrobiologie.pdf

50) http://www.pmbio.icbm.de/vl/phys/patho.pdf

51) https://de.wikipedia.org/wiki/Immunsystem

Forschung auf dem Gebiet der Hygienemaßnahmen

52) http://www.google.de/url?sa=t&rct=j&q=&esrc=s&source=web&cd=2&ved=0CCcQFjAB&url=httt p%3A%2F%2Fwww.bghw.de%2Farbeitsschuetzer%2Fregelwerk-und-praeventionsmedien-der-bghw%2Fpraeventionsmedien-der-bghw%2Fforschungsberichte%2Ffb3-hygienische-aspekte-beim-tragen-von-einmalhandschuhen%2Fat_download%2Ffile&ei=GKCeVYG3E6eGywONkp-4Cg&usg=AFQjCNF3RexBPfWqpZxOZxA6-ky3LP89yQ

53) http://hygiene-for-cleaners.eu/media/Modules_DE/Module-1-DE-Final.pdf

Lightning Source UK Ltd.
Milton Keynes UK
UKHW011309130123
415295UK00005B/639